LED 照明のアプリケーションと技術
― 光学設計・評価・光学部品 ―
Application and Technology of LED Lighting

《普及版／Popular Edition》

監修 関 英夫

シーエムシー出版

はじめに

　昨今，LED照明機器は省エネルギーに優れ，また長期に渡りメンテナンスのいらない照明機器として注目されている。光源となるLEDは，高出力化や演色性の改善などにより高性能化され従来の光源を凌駕しつつある。これらLEDを光源とする照明器具は住宅用照明を始め，オフィス照明，店舗照明，施設照明，検査機器照明，植物育成照明など多種多様の照明機器として利用されている。

　LEDは従来の光源と比べ小型，軽量，低電圧，低電流値，長寿命など多くの利点がある。しかし同時に狭小点発光に起因する眩しさ，照明ムラ，色ムラ，スカラップ，マルチシャドー，レンズによる色収差など新たな問題も多く発生している。

　LED照明機器の製作にはLEDチップ，電源回路，放熱などの最適化も必要であり，これらについて書かれた書籍も多数見受けられる。しかし同時にLEDから発せられた光をどのようにコントロールするかが最も重要な問題である。にもかかわらずLED照明器具の製造者側に立ち，光学的な理解を提供する観点から執筆された書籍が見受けられなかった。そこで主題を「LED光のコントロール」とした本書を企画した次第である。第1編でLED照明のプランニングとその利点を生かした種々のアプリケーション及びその特徴を紹介する。第2編ではLED照明の光学系設計，照明シミュレーション技術を紹介する。また第3編ではLED照明の測定と評価法について，更に第4編ではLED照明機器に用いられる各種エレメントについて紹介する。もちろん従来の照明器具で用いられていたエレメントも使用可能ではあるが，本編では光の効率化や分布を整え高品位なLED照明とするためのユニークなエレメントを選択して掲載した。

　以上に述べたように本書はこれからLED照明機器の開発，製造や販売に参入する，或いは参入した企業の従事者を対象に光学的な視点からLED照明機器の全体像の理解，並びに技術向上に役立つ書籍である。更に各施設，店舗側にとってもLED照明機器の特徴を理解し，効果的に利用するために役立つことを目的とした。双方のLED照明に関する知識の一翼となれば幸いである。

　最後に本書の出版にあたり，共に構想をお考えいただいた光学設計家の牛山善太氏，美術館照明機器開発の佐久間茂氏，照明デザイナーの岡本賢氏を始めお忙しい中，各章をご執筆いただいた方々，並びに㈱シーエムシー出版の各位に感謝を申し上げる。

2012年9月

㈱オプティカルソリューションズ
代表取締役社長／光機能製品開発プロデューサー　関　英夫

普及版の刊行にあたって

　本書は 2012 年に『LED 照明のアプリケーションと技術─光学設計・評価・光学部品─』として刊行されました。普及版の刊行にあたり、内容は当時のままであり加筆・訂正などの手は加えておりませんので、ご了承ください。

2019 年 9 月

シーエムシー出版　編集部

執筆者一覧（執筆順）

関　　英夫	㈱オプティカルソリューションズ　代表取締役社長；光機能製品開発プロデューサー	
岡本　　賢	Ripple design　代表	
岡安　　泉	㈱岡安泉照明設計事務所　代表取締役	
松川　晋也	ヤマギワ㈱　プランニングデザインスタジオ　東京スタジオ　東京TEC　東京スタジオ長；東京TEC室長	
遠藤　充彦	ヤマギワ㈱　PDS：プラニングデザインスタジオ　執行役員　統括スタジオ長	
佐久間　茂	㈱キテラス　代表取締役	
渋谷　寛之	㈱オプラックス設計事務所　代表取締役	
秋間　和広	シーシーエス㈱　技術・研究開発部門　光技術研究所　光技術研究セクション　主席技師	
宮坂　裕司	シーシーエス㈱　新規事業部門　施設園芸グループ　施設園芸セクション	
増村　茂樹	シーシーエス㈱　技術・研究開発部門　主幹技師	
牛山　善太	㈱タイコ　代表取締役	
稲畑　達雄	㈱ベストメディア　商品開発部　取締役部長	
岩永　敏秀	東京都立産業技術研究センター　開発本部　開発第1部　光音技術グループ　主任研究員	
中村　広隆	東京都立産業技術研究センター　開発本部　開発第1部　光音技術グループ　副主任研究員	
金井　紀文	ナルックス㈱　設計開発部　オプト課　副主任研究員	
松井　宏道	三菱エンジニアリングプラスチックス㈱　第1事業本部　技術部	
河井　兼次	東洋紡績㈱　犬山フイルム技術センター	
Detlef Duee	ALANOD GmbH & Co. KG　Head of Business Development and Marketing	
松井　弘一	明拓工業㈱　代表取締役社長	
株本　　昭	古河電気工業㈱　エネルギー・産業機材カンパニー　産業機材事業部　MC製品部　技術開発部　部長	

執筆者の所属表記は、2012年当時のものを使用しております。

目　次

第1編　LED照明機器のアプリケーション

第1章　照明デザインの概要とLED照明の留意点　　岡本　賢

1　照明デザインの概要 …………………… 3
　1.1　照明業界全体の概要 ……………… 3
　1.2　照明デザインとは？ ……………… 3
　1.3　建築照明デザインの流れ ………… 5
2　照明計画に関する基本的な用語解説 … 6
　2.1　色温度 ……………………………… 6
　2.2　演色性 ……………………………… 7
　2.3　グレアと遮光角 …………………… 8
　2.4　1/2ビーム角・1/2照度角 ………… 9
　2.5　建築化照明 ………………………… 10
　2.6　タスク・アンビエント照明 ……… 12
　2.7　明るさ感 …………………………… 13
　2.8　照明実験・モックアップ ………… 13
　2.9　フォーカシング …………………… 14
3　LED照明の留意点 …………………… 15
　3.1　照明計画・照明デザインとLED照明 …………………………………… 15
　3.2　電球形LEDランプ／LEDランプと器具一体形 ………………………… 16
　3.3　マルチシャドウ …………………… 18
　3.4　調光 ………………………………… 20
　3.5　実物を確認する …………………… 20

第2章　施設・店舗用照明機器　　岡安　泉

1　商業施設 ………………………………… 22
　1.1　エントランス ……………………… 22
　1.2　共用通路 …………………………… 23
　1.3　食品売場 …………………………… 24
　1.4　総合店舗 …………………………… 24
　1.5　衣料品店 …………………………… 24
　1.6　貴金属店 …………………………… 26
　1.7　映画館 ……………………………… 26
　1.8　飲食店 ……………………………… 26
2　量販店 …………………………………… 27
3　図書館 …………………………………… 27

第3章　屋外照明器具
（演出型器具・イルミネーション・街路灯・投光器）　　松川晋也

1　屋外用照明器具の条件 ………………… 29
2　屋外型LED照明の種類と使用用途 … 31
3　意匠・演出型LED屋外照明器具 …… 31
　3.1　RGB演出型LED器具 …………… 32
　3.2　イルミネーション演出照明器具 … 33
　3.3　LED地中埋設型照明器具 ………… 34
4　機能型LED屋外照明器具 …………… 35
　4.1　LED街路灯，LED防犯灯 ………… 36

4.2	LED 投光器，LED 屋外型スポットライト ……………………… 38	5	光害について ……………………… 40
4.3	LED 庭園灯，LED 足下灯 ……… 39	6	LED 屋外照明器具に対する今後の期待 ……………………………………… 41

第4章 オフィス・住宅用照明器具
（ベースライト，ダウンライト，電球型，蛍光ランプ型）　　遠藤充彦

1 オフィス用照明器具 ……………… 43
 1.1 オフィス空間と照度の変遷 ……… 43
 1.2 オフィスワーキングの変化と照明要件 …………………………………… 46
 1.3 今後求められるオフィスビル空間性能と省エネの潮流 ……………… 48
 1.4 新しい照明推奨照度について …… 49
 1.5 LED によるオフィス照明の適合性 …………………………………… 49
 1.6 LED のデジタル制御の長所を生かした調光調色技術 ……………… 50
 1.7 まとめ：オフィス用 LED 照明器具の求められる条件 ……………… 51
2 住宅用照明器具 …………………… 53
 2.1 住宅用照明の成り立ち …………… 53
 2.2 白熱ランプと LED 電球 ………… 53
 2.3 ダウンライトと LED 電球 ……… 54
 2.4 シーリングライト・ペンダントと LED 電球 ………………………… 55
 2.5 屋外照明と LED …………………… 56
 2.6 住宅用 LED 照明器具 …………… 56
 2.7 まとめ：住宅用 LED 照明器具の求められる条件 ………………… 57

第5章 展示用照明　　佐久間 茂

1 概略 ………………………………… 58
 1.1 展示用照明に必要な特性 ………… 59
 1.2 展示用照明の種類について ……… 61
 1.3 照明計画の注意点 ………………… 62
2 各種照明器具の構造とその特徴 … 62
 2.1 空間照明 …………………………… 63
 2.2 ケース内照明 ……………………… 68
3 電源・制御 ………………………… 72
 3.1 電源について ……………………… 72
 3.2 調光方式について ………………… 72

第6章 舞台照明機器　　渋谷寛之

1 舞台照明設備 ……………………… 73
2 照明機器 …………………………… 76
 2.1 従来のフラッドライト …………… 76
 2.2 ボーダーライト …………………… 76
 2.3 アッパー・ロアー　ホリゾントライト ……………………………… 77
 2.4 フットライト ……………………… 77
3 LED フラッドライトの考え方 …… 77
 3.1 LED ホーダーライトの例 ……… 80
 3.2 LED フットライトの例 ………… 83

3.3 LEDホリゾントライトの例 ……… 84	5 LEDスポットライトの考え方 ……… 89
4 従来のスポットライト ……………… 85	5.1 単レンズスポットライトの例 …… 89
4.1 平凸スポットライト …………… 85	5.2 カッタースポットライトの例 …… 92
4.2 フレネルレンズスポットライト … 86	5.3 LEDパッケージを使ったスポット
4.3 カッタースポットライト ……… 87	ライトの例 ………………………… 93
4.4 パーライト ……………………… 87	

第7章 植物栽培用照明機器　　秋間和広，宮坂裕司

1 植物と光 …………………………… 96	4 植物栽培用照明の種類と特徴 ……… 99
2 植物の光に対する反応 ……………… 97	5 植物の生長に及ぼす光質の影響 …… 101
3 植物の生長に関連する光の単位 …… 99	6 LED照明の電力消費 ……………… 103

第8章 検査機器・画像処理用照明機器　　増村茂樹

1 背景と現状 ………………………… 106	割 ……………………………… 111
2 マシンビジョンライティングの機能要件 ……………………………… 107	2.3 照明系の最適化設計へのアプローチ ……………………………… 112
2.1 視覚機能構築の課題とアプローチ ……………………………… 109	3 一般照明とマシンビジョンライティング ……………………………… 113
2.2 マシンビジョンにおける照明系の役	4 LED照明の適合性 ………………… 116

第2編　LED照明の光学設計

第9章　LED照明光学系設計の理解に役立つ光学理論　　牛山善太

1 光というものをどのように考えるか … 123	境界面 ………………………… 126
1.1 光線としての性質 …………… 123	2.3 微粒子の存在する誘電体媒質 … 126
1.2 波としての性質 ……………… 123	3 光の進み方を考える ……………… 126
1.3 粒子としての性質 …………… 124	3.1 光線とは ……………………… 126
2 光がどこを通るのか ……………… 125	3.2 光の進み方を考える上で重要な法則，
2.1 誘電体の形成する自由空間 …… 125	ならびに計算結果 …………… 127
2.2 異なる性質の媒質により形成される	

第10章　基本的な照明理論　　牛山善太

1　照明の基本単位 …………………… 131
　1.1　放射量，視感度そして立体角 …… 131
　1.2　重要な測光諸量の定義 …………… 132
2　照明系設計の簡単な法則など ……… 134
2.1　放射照度の法則 ………………… 134
2.2　輝度不変則の概念 ……………… 135
2.3　光源の形状と照度の関係について
　　 …………………………………… 141

第11章　照明系設計・シミュレーションソフトついて　　牛山善太

1　照明系設計ソフトとは …………… 144
2　照明系評価ソフトの分類 ………… 146

第12章　照明シミュレーション　　稲畑達雄

1　光源の配置と照度分布 …………… 151
2　LEDユニットと室内照明 ………… 154
3　LEDユニットと街路灯 …………… 156

第3編　LED照明の評価

第13章　LED照明の測光技術　　岩永敏秀

1　測光の概要 ………………………… 163
　1.1　視感度と光束 ……………………… 163
2　LED単体の測光・測色 …………… 165
　2.1　概要 ………………………………… 165
　2.2　LED単体の光度測定 ……………… 165
　2.3　LED単体の全光束測定 …………… 166
　2.4　異色測光誤差 ……………………… 167
3　LEDモジュールやLED照明器具の測光・測色 …………………………… 169
3.1　概要 ……………………………… 169
3.2　LEDの温度特性 ……………… 169
3.3　光度・配光測定の注意点 …… 170
3.4　全光束測定の注意点 ………… 170
4　LED測光システムの例 …………… 172
　4.1　光源の測光システム ………… 172
　4.2　全光束測定システム ………… 173
　4.3　配光測定システム …………… 173

第14章　演色性評価　　中村広隆

1　光と色 ……………………………… 176
2　視覚系の仕組み …………………… 177
3　色覚メカニズム …………………… 179
4　表色系 ……………………………… 179
　4.1　等色実験と三刺激値 ………… 180
　4.2　RGB表色系 …………………… 181

4.3　XYZ 表色系の三刺激値と色度座標 …………………………………… 183	5　光源の色の評価 ……………………… 186
4.4　均等色度図 ………………… 184	5.1　色温度 ………………………… 186
4.5　均等色空間 ………………… 185	5.2　演色性の評価 ………………… 187
	5.3　演色評価数の数値例 ………… 189

第4編　LED 照明用光学部品

第15章　集光レンズ　　金井紀文

1　光源 …………………………………… 193	2.3　ランバート光源の Étendue の計算例 ……………………………………… 196
1.1　波長分布 …………………… 193	2.4　照射効率見積り（1）………… 197
1.2　配光特性 …………………… 194	2.5　照射効率見積り（2）………… 198
1.3　全光束 ……………………… 194	2.6　照度分布見積り ……………… 200
2　設計可否検討 ………………………… 195	3　光学部材 ……………………………… 201
2.1　一般化 Lagrange 不変量……… 195	4　レンズの種類 ………………………… 201
2.2　一般化 Lagrange 不変量と Straubel の定理の等価性 ……………… 195	

第16章　レンズ機能拡散板―マイクロレンズアレイによる LED 照明のムラ解消技術　　関　英夫

1　レンズ機能拡散板による照明ムラの解消 ………………………………………… 203	……………………………………… 207
2　レンズ拡散板の機能と特徴 ………… 204	6　レンズ拡散板―LSD の製法と基板の種類 ……………………………………… 209
3　一般的な拡散板との違い …………… 206	7　照明シミュレーションソフトによる検証 ……………………………………… 210
4　一般的な集光レンズとの併用 ……… 207	
5　一般照明分野での高品位化要求に対応	

第17章　照明カバー用ポリカーボネート樹脂材料　　松井宏道

1　拡散剤による光拡散手法 …………… 213	3　照明カバー用材料の成形方法 ……… 215
2　難燃化 ………………………………… 214	4　光学特性 ……………………………… 215
2.1　難燃性に関する規格 ………… 214	5　照明カバー用材料の実際 …………… 216
2.2　難燃剤 ………………………… 214	6　照明カバー用材料の課題 …………… 216

第18章　LED照明用光拡散シート　　河井兼次

1　光拡散シート「ユニルック®」の特徴 …………………………………… 222
　1.1　優れた光線透過率と拡散性 ……… 222
　1.2　使用目的に合わせた拡散パターンコントロール ………………………… 224
　1.3　輝点（不快グレア）の抑制効果 … 225
　1.4　成型品への応用 ………………… 226

第19章　LED照明器具用アルミ反射板　　デトレフ・デュエ

1　LEDの課題 ……………………… 230
　1.1　長寿命対応 ……………………… 230
　1.2　防眩 ……………………………… 231
　1.3　配光コントロール ……………… 231
2　アルミ反射板の特性 ……………… 232
　2.1　長寿 ……………………………… 232
　2.2　防眩 ……………………………… 233
　2.3　配光コントロール ……………… 234
3　その他 …………………………… 236

第20章　導光板（LEDの面光源化）　　松井弘一

1　導光板開発のヒント ……………… 238
2　導光板の開発へ …………………… 238
3　新聞発表と意外な反響 …………… 238
4　シェアNO.1 ……………………… 239
5　業界の姿に違和感を，薄型の"導光パネル"開発へ ………………………… 240
6　"導光パネル"を発売 …………… 240
7　住友化学の導光板素材 …………… 240
8　"導光パネル"発売とクレーム … 241
9　失敗を経験しての新開発と製品作りの注意点 …………………………… 242
　9.1　新開発1：別体枠の開発（日本，韓国，米国で特許取得。日本特許第4990952号） ……………… 242
　9.2　新開発2：吊下げ額縁等の開発（特許出願済） ……………………… 243
　9.3　新開発3：柔軟連結の開発（特許出願済） ……………………………… 244
　9.4　新開発4：導光板サイズの限界に挑戦（特許第5049945号） ………… 245
　9.5　新開発5：クレーム事例対策 … 246
10　特許対策について ……………… 247
11　その他，業界で注目している事柄 … 247

第21章　超微細発泡光反射板　　株本　昭

1　光学特性 ………………………… 249
2　諸特性 …………………………… 250
3　熱成型性（加工性） ……………… 251
4　応用事例 ………………………… 253

第 1 編　LED 照明機器のアプリケーション

第1章　照明デザインの概要とLED照明の留意点

岡本　賢*

1　照明デザインの概要

　本編はLED照明器具の作り方とその器具が実際の照明計画（設計）・照明デザインの分野においてどのように選定され，設置されているのかをまとめたものである。第1章では照明業界全体の概要，照明計画・照明デザインの概要，照明計画においてよく使用される用語，そして2011年3月の東日本大震災以降，節電の影響などで省エネ光源として注目度と需要が益々高まっているLED照明を導入する際の留意点などについて解説する。

1.1　照明業界全体の概要

　照明デザインの概要について解説する前に，まず照明業界全体の構造について触れる。図1は照明業界に関わる個人や企業の相関関係を物や情報の流れに着目し簡単に示した概略図である。
　概略図の矢印はそれぞれ物の流れと情報の流れを示している。物の流れを示す矢印についてはその太さが物量の大きさのイメージを示してしている。照明器具は製品供給層によって企画・設計・製造され，基本的に照明メーカーから問屋・小売店，電材商社，電気サブコンなどの物流・販売層に流れていく。そこから最終的にエンドユーザーである一般消費者や施主・事業主といったような購入の決定権をもった購入意思決定層（消費者層）へと販売される。建築設計や照明計画（設計）・照明デザインといった施設の設計や計画を行う企業や個人事務所は，基本的に器具の販売や流通などは行わず，設計という行為を通してイメージに合った器具を選定し，その設計意図を施主や事業主に伝える。いわば購入意思決定層と物流・販売層，製品供給層の仲立ちをするような存在である。当然の事ながら照明業界において図1に示した照明業界の概略図に当てはまらない企業・業者の連携，情報や物の流れが存在することを補足しておく。

1.2　照明デザインとは？

　照明業界全体の概要については前述のとおりであるが，照明器具が実際に使用される照明計画・照明デザインの分野についてもう少し詳しく触れたい。なお，本章においての「照明デザイン」という用語は建築照明デザインの事を指す。建築照明デザインとは主に建築やランドスケープなどの照明計画を行う職能である。プロジェクトの初期段階から参加し，照明計画のコンセプト策定，事業主に対するプレゼンテーション，適切な照明器具の選定及び配置，建築化照明の詳

＊　Ken Okamoto　Ripple design　代表

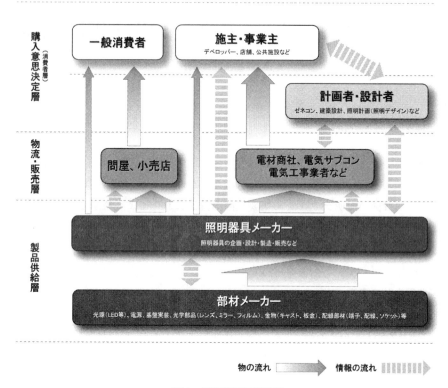

図1　照明業界の概略図

細な指示，施工監理などを行う。建築照明デザイン業務に関しては主に建築設計者からの依頼が多く，建築に関わることが多いため照明全般の知識だけでなく建築的な知識が特に重要視される。

　本書において照明デザインの分野の中で特に建築照明デザインに着目する理由は，実際の建築やランドスケープの現場において，従来の照明器具やLED照明器具に対してどのようなニーズがあり，どのような使われ方をしているかを知ることが良質な光学設計・器具設計に繋がると考えるからである。

　「照明デザイン」には建築照明デザイン以外にもいくつかの分野が存在するので代表的なものを紹介する。

・　プロダクトデザイン

　名前が示す通り照明器具自体のデザインを行うデザイナー。器具のデザインを行うため，照明全般の知識以外にも，電気，建築，アート，素材，加工，マーケティングなど様々な知識が必要とされる。

・　舞台照明デザイン

　舞台やコンサート，またそれに類するイベント等の照明演出を行うデザイナー。建築，音楽，

第1章　照明デザインの概要とLED照明の留意点

演劇，アート，舞台美術などの知識が必要とされる。音楽や舞台の進行に同調した照明演出を行うため，多数の照明器具を一括して扱えるようにデジタル制御された照明システムを使用する事が多く，ソフトウェアやプログラミングの知識・技術も重要である。

- **イルミネーションデザイン**

近年，全国的にも規模が拡大しているイルミネーションイベントのプランニングを行うデザイナー。建築照明デザインは基本的に照明デザイナー自らが施工を行う事は少ないが，イルミネーションデザインでは照明デザイナーが設計・施工を行う事も多い。

1.3　建築照明デザインの流れ

建築照明デザインの業務は大きく分けて，基本計画，基本設計，実施設計，施工監理の4つの段階に分かれる。各段階での主な業務内容は次の通りである。

- **基本計画**
① 事業計画及び建築計画の把握・理解
② 計画地周辺の光環境調査
③ コンセプトの策定
④ 関係者とのブレーンストーミング
⑤ 事業主（施主）やクライアントに対するコンセプトデザインのプレゼンテーション
- **基本設計**
① 照明手法の検討
② ラフな照明器具配置図（配灯図）の作成
③ 模型による照明デザインのシミュレーション
④ CGによる照明デザインのシミュレーション
⑤ 照度のシミュレーション
⑥ 照明に関わるコストの概算が可能な資料作成
⑦ 調光及びスイッチ系統の検討
- **実施設計**
① 照明器具の決定
② 照明器具配置図（配灯図）の決定
③ 建築化照明（本章2.5節参照）のディテールの決定
④ 調光およびスイッチ系統の決定
⑤ 照明に関わるコストの調整・減額案の検討
- **施工監理**
① 照明実験，モックアップ（本章2.8節参照）の確認
② 器具承認図の確認

③ 特注器具の図面確認
④ 施工図の確認，承認
⑤ 定期的な現場確認，定例会議への参加
⑥ 設計変更への対応や照明計画の見直し
⑦ 最終調整，フォーカシング（本章2.9節参照）

　プロジェクトの初期段階である基本計画から参加できることが理想であるが，プロジェクトにより基本設計や実施設計，場合によっては既に着工してから照明デザイン業務の発注が行われ場合もある。当然の事ながらプロジェクトに参加する段階が遅くなるほど，デザインの自由度も低くなる。特に建築自体に器具を設置する（隠す）スペースを設ける建築化照明は，照明器具の存在を感じさせない建築と照明が一体になった照明手法であるが，事前に建築設計者と十分な調整が必要なため，実施設計や施工監理の段階に入ってしまうと対応が難しい場合が多い。また，工期が数年かかるような大規模建築に比べ，工期の短い住宅や小規模店舗の場合は基本計画と基本設計が同時に進行する場合もある。

2　照明計画に関する基本的な用語解説

　照明計画や照明デザインの業務を行う上で使用する基本的な用語について解説する。当然の事ながら照明全般に関わる用語も含まれるが，実際の業務の中で打ち合わせや資料作成，プレゼンテーションなどの場面で頻繁に使用すると思われる用語及び，照明計画・照明デザインの分野の特色が感じられる用語をいくつか抜粋した。

2.1　色温度

　光源の光色を表す用語に色温度という言葉がある。色温度が低くなると光色は赤味を帯び，色温度が高くなるにつれて白色，そして青味を帯びた青白い光色へと変化する。色温度はケルビン（K）という単位で表される。我々の生活に密着した例では蛍光灯の色温度が挙げられる。蛍光灯は昼光色（6500〜6700K），昼白色（5000K），白色（4000〜4200K），温白色（3500K），電球色（2800K〜3000K）といったように色温度の違いによって異なる名称で販売されており，好みに合った光色を選択する事ができる。蛍光灯以外の光源でも色温度が選択できる光源は多い。人工光源以外ではろうそくの炎が1900K前後，日の出や日没の空の色は2500〜2700K，平均的な正午の太陽光は5300Kといわれている。
　また色温度は空間の印象を決定づける重要な要素である。色温度が低い空間は落ち着いた印象を与え，逆に色温度が高い空間はクールで涼しげな印象を与える。

第1章　照明デザインの概要とLED照明の留意点

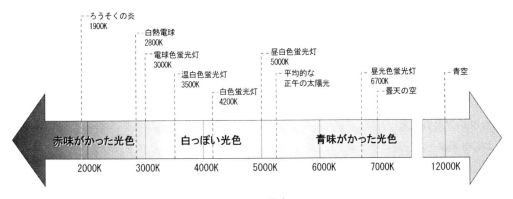

図2　色温度

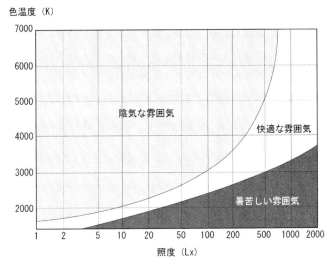

図3　色温度と照度の関係

2.2　演色性

　光源によって照らされた対象物は，その光源の種類によって色の見え方が異なる。光源で物質を照らした際の物質本来の色味の再現性の事を演色性という。また演色性の良し悪しを判断する指標となっているのが平均演色評価数である。平均演色評価数はRa（アールエー）という数値によって表され，数値が大きいほど演色性の高い光源になる。自然光に近い基準光といわれる光で8色の試験色票を照らした際の見え方と比較し，色ずれの平均値からRaの数値が決められている。基準光で見た状態をRa100とし，色のずれが大きくなるほどRaの数値は低くなる。ちなみに白熱電球やハロゲンランプなどがRa100の代表的な光源である。しかし注意すべき点はRaの数値は色の再現性を示したもので，色の好ましさを表す指標ではないということである。照明器具を設置する条件や照らす対処物次第では，高いRa値をもつ光源を使用しても必ずしも人間

の感覚にとって好ましい色であるとは限らないということを知っておきたい。

一般的にRaの数値が高い光源は，色味の再現性が高く光源で照らした対象物の色味が正しく見えるため，食べ物を扱う飲食店やスーパーや化粧品などを取り扱う店舗などではRaの数値が高い（90以上）光源が好ましい。

2.3 グレアと遮光角

太陽や光源を直接見るとまぶしくて他のものが見えにくくなる。この不快なまぶしさの事をグレアという。快適な光環境を作るためにはできる限り不快なグレアを抑える事が重要である。グレアは適切な照明器具を選び，人間の動線や視線を考慮した器具配置の検討を行えば大幅に軽減させる事ができる。特に天井面に設置されたダウンライトにいえることであるが，器具内のランプが見えなくなる角度の事を遮光角という。また光源と器具開口部の端点を結んだ点をカットオフラインといい，カットオフラインの内側が直接光源が見える範囲になる（図4）。カットオフラインの検討は建築化照明の詳細設計や，器具設計を行う際にも非常に重要な要素である。

遮光角が大きくなるとランプが見える範囲が小さくなるので，必然的にグレアも軽減させる事ができる。しかし遮光角が大きくなりすぎると，光が充分広がらず光源本来の性能を十分活かしきれない効率の悪い器具になってしまう。明確な基準はないが一般的に遮光角30°以上のダウンライトがグレアに配慮した器具として照明設計者や照明デザイナーには好んで使用される。ただし，遮光角が大きくても反射鏡やコーンの素材によってはグレアを感じてしまう可能性があるため，遮光角が大きい器具＝グレアレスな器具という考え方は必ずしも成り立たないので注意したい。

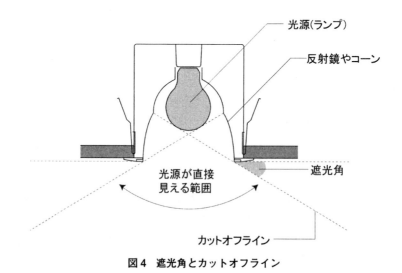

図4 遮光角とカットオフライン

第1章　照明デザインの概要とLED照明の留意点

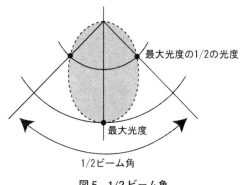

図5　1/2ビーム角

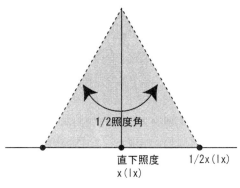

図6　1/2照度角

2.4　1/2ビーム角・1/2照度角

　1/2ビーム角は器具（ランプ）から出る最大光度の1/2になる左右の光度方向を合わせた角度の事を指す。1/2ビーム角は主にスポットライトや反射鏡付ランプを使用した器具などの光の広がりを示したものである。一般的に1/2ビーム角が10度前後の狭い配光を狭角（ナロー），30°前後の広い配光を広角（ワイド），狭角と広角の中間である20°前後の配光を中角（ミディアム）と呼ぶ。

　また1/2ビーム角と同様にランプや器具の配光を示すものに1/2照度角がある。1/2照度角は水平面に対して照明したときに，直下照度の1/2の照度になる位置の開き角度の事を指す。

　1/2ビーム角や1/2照度角の数値は基本的に照明メーカーのカタログに記載されているので，器具を設置する空間の天井高さが分かれば，おおよその光の広がりを把握することができる。照明計画の初期段階では1/2ビーム角や1/2照度角の光の広がりを用いてプランニングを進める事が多い。

LED照明のアプリケーションと技術

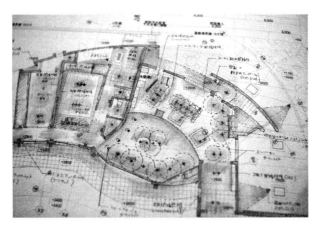

写真1　1/2ビーム角を用いた照明設計の例
円の大きさが1/2ビーム角の光の広がりを示す。

2.5　建築化照明

　壁・天井・床など建築自体に照明器具を組み込む照明手法を建築化照明という。一般的に建築化照明は間接照明と同様の意味で使用されることが多い。建築化照明の代表的な事例としてはコーニス照明，コーブ照明，バランス照明などが挙げられる。建築化照明は照明器具の存在感を隠し建築自体を照明器具化するような照明手法である。

　建築自体に照明器具を組み込むため，ある程度具体的な設計が進んでいたり，既に着工しているような物件では対応が難しいので，基本計画，基本設計など早い段階での調整が必要となる。

図7　コーニス照明の例　　　　　図8　コーブ照明の例

図9　バランス照明の例

第1章　照明デザインの概要とLED照明の留意点

写真2　コーニス照明の事例1

写真3　コーブ照明の事例2

写真4　バランス照明の事例3

2.6 タスク・アンビエント照明

　読書や作業をする際，手元を照らすためにフロアスタンドやテーブルスタンドを使用することがある。このように空間全体を明るく照らすのではなく，作業に必要なスペースだけを適度な光量を持った照明器具で照らす手法をタスク照明という。ある部分だけを照らす照明の為，局部照明と呼ばれることもある。また特定の場所を照らすタスク照明に対して，壁や天井を照らす間接照明のように空間全体の雰囲気を演出する照明手法をアンビエント照明という。アンビエント照明は環境照明や全般照明と呼ばれる事もある。空間の床面を均一に明るくするベースダウンライトなどの全般照明もアンビエント照明に含まれる。

　タスク・アンビエント照明はこの2つの照明手法を組み合わせた手法である。タスク・アンビエント照明の利点は複数の点灯パターンを作成する事ができる点である。生活のシーンに合わせ

写真5　タスク・アンビエント照明の手法を用いた住宅照明の事例1

写真6　タスク・アンビエント照明の手法を用いた住宅照明の事例2

第1章 照明デザインの概要とLED照明の留意点

て必要な照明器具だけを点灯するので，適切な器具選びと効果的な器具配置を行えば，省エネ性の高い照明手法となる。またアンビエント照明とタスク照明を組み合わせることで，心地よい陰影を保ちながら，機能面でも作業に必要な明るさを持った空間演出ができる。

2.7 明るさ感

　床面のような水平面に対して，壁面のように垂直に立っている面を鉛直面という。照明計画において鉛直面に明るさを持たせる事は非常に重要である。例えば同じ床面照度でも床面を重点的に照らした空間と，壁面（鉛直面）を積極的に照らした空間では後者の方が明るく感じられる事がある（床・壁・天井の色や仕上げ，反射率によっても効果は異なるため必ずしもそうなるわけではない）。照明計画・照明デザインの分野では壁面や天井面の明るさによって空間全体を明るく感じる効果を「明るさ感」と呼ぶことがある。また，明るさ感は、壁面や天井面の照度だけではなく，輝度も影響していると考えられる。全く同じ照明器具で白の壁面と黒の壁面を照らした場合，壁面を見たときに白の壁面のほうが明るく感じるはずである。これは黒の壁面よりも白の壁面が輝度が高いからである。このように輝度の違いによっても明るさの感じ方は変化するため，光を当てる面の素材・仕上げ・色等が空間全体の明るさ感に影響することがわかる。明るさ感の高い空間を作るためには単に鉛直面を照らすだけではなく，人間の視野内の輝度を上げる事も重要であるため，照明と建築の両方の視点で検討を行う必要がある。

写真7　建築化照明を用い明るさ感を演出した住宅照明の事例

2.8 照明実験・モックアップ

　同じ照明手法でも器具や配光の種類，インテリアの素材・仕上げや色味等によって照明効果は大きく変わる。特に前述した建築化照明や壁面（鉛直面）に明るさを持たせた照明計画は，照明の専門家以外には効果の予測や想像が難しい。その照明効果を事前に把握するために行うのが照

明実験である。また，プロジェクトが施工監理の段階まで進むと現場の空間を利用した照明実験も有効な方法である。現場での照明実験ではできるだけ多くの関係者が照明効果について共通の認識を持てるように，事業者（施主），建築設計者，施工業者（建築・電気），照明デザイナー（照明設計者），場合によっては関係する照明メーカー等が集まった場で行うと効果的である。照明実験は必ずしも現場で行う必要はなく，同様の条件を満たす建築物や空間があれば実施可能である。計画段階においてもサンプル器具や模型を使った簡易的な照明実験で照明効果を確認しながら手法の検討を進める事も非常に重要である。

　また，建築化照明など着工してからでは検討が遅い案件については，モックアップを作成し照明実験を行う場合がある。モックアップとは原寸大の模型の事である。完成時の照明効果にできるだけ近付けるために，実際に使用する器具や建築素材を使って実験を行う事が重要である。モックアップは原寸大の模型であるため通常の照明実験よりも予算が高くなるので，クライアントや建築設計者に要望を伝え，設計段階でモックアップの予算も確保しておくことを忘れないようにしたい。

写真8　照明実験の様子

2.9　フォーカシング

　照明器具には照射方向を調整できる照明器具がある。アジャスタブルダウンライト（ユニバーサルダウンライト）やスポットライトが代表的な例である。これらの器具は家具や什器，アートなどが搬入された後，それらが効果的に演出されるように照明の照射方向を調整する必要がある。この作業をフォーカシングと呼ぶ。シューティングまたはエイミングと呼ばれることもある。

　フォーカシングをする前と後では空間のイメージが大きく変わるので照明計画・照明デザインの業務においてフォーカシングは欠くことのできない重要な作業である。ただしフォーカシング

第 1 章　照明デザインの概要と LED 照明の留意点

写真 9　フォーカシングの様子

した器具はランプ交換やメンテナンスの際に照射ポイントが動いてしまう事があるため，照らしている方向や対象物を記録した資料を残しておくと良い。またスポットライトやアジャスタブルダウンライトには傾きが分かるように角度が記入された器具もあるので，そのような器具を選定した場合は，フォーカシング時に決定した角度を記録しておくと，竣工時のベストな状態の復旧がメンテナンスを行った後にも容易に行える。

3　LED 照明の留意点

3.1　照明計画・照明デザインと LED 照明

　2011 年 3 月に起きた東日本大震災以降，節電の影響もあり，これまで省エネ光源として知られていた LED 照明の注目度と需要がさらに高まっている。RGB（赤・緑・青）によるカラー演出が主流であった LED 照明が，白色 LED，電球色 LED の高効率化に伴い白熱電球の代替光源として使用され始めた当初は，少ない消費電力と 40,000 時間（光束維持率 70%）という長寿命に注目が集まった。しかし，明るさ，効率，色温度，演色性，価格など従来の光源と比べて改善すべき課題が多い光源でもあった。LED の主な特徴は下記の通りである。

- 40,000 時間の長寿命（LED の寿命は一般的に光束維持率が 70% に低下する経過時間を寿命としている）。
- 発光部分が小さいのでコンパクトな器具設計が可能。

- 低温でも効率が低下しない。
- 振動や点滅に強い。
- 赤外放射，紫外放射が少ない。

　2012年現在ではLED照明は飛躍的に性能が向上し，明るさ，効率，色温度，演色性，価格といった面で従来光源と比較しても遜色ない機種が数多く展開されている。省エネ光源としてこれまで採用されていた，直管形蛍光灯，コンパクト蛍光灯，電球形蛍光灯，セラミックメタルハライドランプなどと同等の明るさ，効率を持つLED照明も少なくない。そのため，環境への配慮やランニングコスト削減などの観点から，LED照明に対して建築設計者や施主から寄せられる期待は大きく，照明計画・照明デザインの分野においても使用頻度が飛躍的に高まっている。

　しかし，LED照明の品質が向上した現在においてもLED照明は従来の照明器具とは異なる点が多く，照明計画においてLED照明を選定，配置を行う際には留意しなければならないポイントがいくつか存在する。その中でも特に重要と思われる項目を抜粋して挙げる。

3.2　電球形LEDランプ／LEDランプと器具一体形

　LED照明は大きく分けてランプ交換が可能な電球形LEDランプ／LEDランプと，光を放つLEDと照明器具が一体なった器具一体形の2種類がある。

　ランプ交換が可能な電球形LEDランプ／LEDランプは，主に白熱電球やミニクリプトンランプ，ハロゲンランプなどの代替ランプとして認知されている。また，いわゆる電球形のタイプではなく直管形蛍光灯の形状をしたLEDランプなどもある。電球形LEDランプは一般住宅で広く使用されているE26，E17，E11等の口金に対応したものが主流である。また直管形のLEDランプについては安全性，互換性などを考慮し専用の口金が考案され，従来の直管形蛍光ランプのサイズでいう40w形と20w形の仕様が日本電球工業会で規格化（日本電球工業会規格　JEL 801：2010）されている。特に電球形LEDランプは口金のサイズが合えばこれまで使用していた照明器具に取付可能である点が大きなメリットである。電球形LEDランプの主な特徴は下記の通りである。

(1) **電球形LEDランプの特徴**
- 口金のサイズが合えば従来の器具でも使用可能である。
- ランプの交換が容易にできる（ランプを交換することで色温度や配光を変える事ができる。
- 白熱電球など従来の光源よりもサイズが大きいものがある。
- 白熱電球など従来の光源よりも重量が重い。
- 白熱電球など従来の光源とサイズや発光面積が異なるため，反射鏡によって配光制御された器具では本来の性能が発揮できない。

第1章　照明デザインの概要と LED 照明の留意点

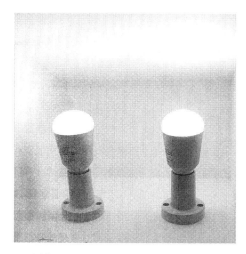

写真 10　E26 口金の電球形 LED ランプ

写真 11　E11 口金のハロゲンランプ形 LED ランプ

写真 12　直管形 LED ランプ

- 白熱電球など従来の光源と比較して光が広がらないものがある。
- 密閉型器具や断熱施工に対応した器具では一部使用できないものもある。
- 主に白熱電球やハロゲンランプの代替光源であるため，大空間や高天井空間では光量が足りない。

　価格，サイズ，重量，明るさ，配光，演色性などは今後改善されていくと思われる。

　電球形 LED ランプとは異なるもう一つのタイプが，照明器具と LED が一つになっている器具一体形である。器具一体形は基本的にランプ交換ができないという事が大きな特徴であるが（一部の器具は LED ユニットの交換が可能な機種がある），形状や明るさのバリエーションは電球形 LED ランプに比べ非常に豊富である。器具一体形の主な特徴は下記の通りである。

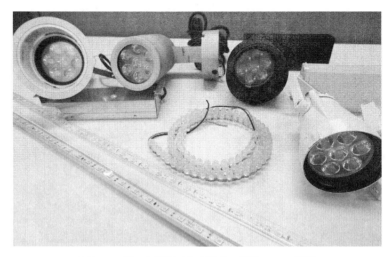

写真 13 様々な機種がある器具一体型の LED 照明

(2) **器具一体形の特徴**
- 形状，明るさ，配光などの選択肢が多い。
- 電球形に比べて全光束が大きい器具が多い。
- 電球形に比べ高演色の器具が多い。
- 発光部分の交換が難しい。
- 不具合がある場合は器具ごと交換しなければならない。
- 設置後は色温度や配光の変更が難しい。
- 器具とは別に専用電源が必要なものが多い。

　照明計画を行う際は電球形と器具一体形の特徴をよく理解し，物件の条件に適した機種を選択する必要がある。物件によって条件が異なるため一概には言えないが，従来の照明器具を流用してリニューアルする場合は電球形や直管形，天井の照明を全て取り外すような大規模なリニューアルや新築の物件には，空間の条件に合わせて最適な器具を選択できる器具一体形が適していると考える。

3.3　マルチシャドウ

　LED 照明の多くは LED パッケージという発光する小さなパーツが複数集まって，照明器具となっている。LED パッケージの一つ一つが発光するため，LED 照明は複数の小さなランプが取り付けられた器具と捉える事もできる。そのため LED 照明で照らされた対象物の影が，複数の照明で照らされたように幾重にも重なって見えることがある。この影の事をマルチシャドウという。

　特にダイニングテーブルや学習・読書などのタスク照明として LED 照明を使用する場合は，

第 1 章　照明デザインの概要と LED 照明の留意点

写真 14　マルチシャドウの例

写真 15　複数の LED パッケージを使用した器具の例

写真 16　COB タイプの LED パッケージを使用した器具の例

マルチシャドウが食事や作業環境に悪影響を及ぼす事が懸念される。LED 照明を使って照明計画を行う場合は，長時間過ごすような空間，作業を行う空間，食事を行う空間等において，特にマルチシャドウに配慮した照明計画や器具選定を行いたい。

　近年ではこのマルチシャドウを解消した器具も開発されている。複数の LED パッケージで構成された LED 照明は小さな点光源の集まりであるのに対し，マルチシャドウを解消した LED 照明の多くは，発光面積を大きくした面で発光する LED パッケージを使用する事で，従来の光源のように一か所から光を照射する。マルチシャドウを解消した LED 照明は，LED チップを基盤に直接実装し面発光させた COB（Chip on board）と呼ばれる LED パッケージを採用したも

のが多い。その他にも複数の LED の光を拡散板等で拡散させ，面発光する光源のように取扱いマルチシャドウを解消した器具などもある。

3.4 調光

LED 照明は電球形 LED ランプ/LED ランプ，器具一体形ともに，基本的に調光が可能である。ただし全てのランプや器具が調光可能ではないので，調光制御を行う系統で LED 照明を使用する場合はカタログ，器具仕様図，取扱説明書などを確認し調光対応の器具やランプを選択する必要がある。特に LED 照明は機種によって，5～100％，10～100％，20～100％等，調光可能な範囲が異なるものが多いため設置する場所や，計画時のイメージを考慮して器具を選択したい。また設置後のトラブルを避けるため照明器具に適した調光器を選択したり，事前に調光器とのマッチングテストを行う事が重要である。

3.5 実物を確認する

特に器具一体型の LED 照明は基本的に従来の光源のように統一された規格がないため，器具を開発しているメーカーごとに仕様や形状が異なる。そのためカタログに掲載されているデータと実際の光の印象が異なる場合が多く，最終的に器具の決定を行う場合は実際の光を自分の目で確認してから判断を行う事が重要である。確認の際は明るさ，配光，演色性，色温度，グレア等の項目に注目して器具を評価すると良い。

3.5.1 色温度と演色性

特に LED 照明では色温度と演色性には注意したい。各メーカーで照明器具のコンセプトにあった LED パッケージを選定して仕入れ，照明器具に組み込むため，同じメーカーでも同一の LED パッケージで全ての照明器具が構成されている事は少ない。その為カタログ上では同じ色温度や演色性でも機種やメーカーが異なると光の性質にズレが生じやすい。特に2種類以上の機種を近接する場所で使用した場合は色温度の違いが顕著に現れる事がある。同一空間で複数の LED 照明使って照明計画を行う場合は，事前に実際の器具の色温度を確認した上で可能な限り機種を減らしたり，同じメーカーの照明器具で統一するなどの工夫が必要であると考える。

演色性についてもカタログに掲載されている Ra 値と実際の見え方の印象にギャップを感じる事もあるので，飲食店，物販，美術館・博物館など特に高い演色性が要求される場所については，事前に器具サンプルで光を当てる対象物の見え方を確認しておきたい。

3.5.2 グレア

従来の光源に比べて LED 照明は独特の強い輝度を発する機種が多い事も特徴である。そのため LED 照明を導入する際にはグレアが懸念されるので注意が必要である。しかしながら近年では遮光角を大きくとった器具や，グレアに配慮したグレアレスタイプのダウンライト，スポットライトも増えている。LED 照明のクオリティが大幅に向上しているので「LED 照明＝グレアが気になる」という問題は解消されているが，グレアについても機種ごとに特性が異なるため器具

第 1 章　照明デザインの概要と LED 照明の留意点

写真 17　白熱電球（左）と電球形 LED ランプ（右）の配光の比較
白熱電球の方が全方向に拡散している事がわかる。

仕様図等で遮光角，仕上げ素材等の確認を事前に行い，可能であれば実物の状態を確認したい。

3.5.3　配光

　一概には言えないが LED 照明の光は他の光源に比べて指向性の強いものが多い。照明メーカーのカタログから機種を選定する場合は記載されているデータから，配光（光の広がり）や直下照度を判断する。カタログには先に紹介した 1/2 ビーム角や 1/2 照度角で配光が示されている事が多いが，実際の光はその配光よりも広い範囲に光が広がっている。LED 照明は白熱電球やハロゲンランプなどの従来光源との比較のため，直下照度や 1/2 ビーム角，1/2 照度角の配光を意識したものが多い傾向にあり，機種によってはデータに記載されていない範囲の光の広がりがあまり感じられないものもある。配光の選択は空間のイメージを大きく左右するため，サンプルなどによる配光の事前確認の意味は大きい。

謝辞

　本章，図 1 の作成にあたり，㈱キテラスの佐久間 茂氏に多大なる協力を頂きました。深く感謝申し上げます。

第2章　施設・店舗用照明機器

岡安　泉*

　近年，LED照明器具の急速な発展を背景に多くの施設でのLED照明化が進んでいる。ここではまず複合商業施設を想定し，つづいて，量販店，図書館を想定しながら解説を進める。

1　商業施設

　商業施設の照明では，インテリアや建築との調和を図り，空間や商品をより魅力的に見せることで購買意欲を促進させることが照明の目的であり，店の形態や扱う商品により，設定する照度も色温度もさまざまなものとなる。そのため，照度・演色性能・色温度・照度均斉度・輝度などといった性質を充分に使いこなすことが求められる。現在，各エリアで一般的に行われるであろう照明計画手法を辿りながら，既存施設での代替と新規施設での導入に必要となるLED照明器具を考えみる。

1.1　エントランス

　エントランス部はその施設の顔となる華やかさを求められること，外部の明るさとの対比から照度は明るく設定される場合が多い。空間としては吹き抜けなどの高天井になる場合が多く，照明手法は施設の求める雰囲気により大きく左右される。郊外型施設ではこれまで250Wや400W程度の放電灯ペンダント器具や昇降機付きダウンライトが多く使われ，750～1500 lxといった明るい環境になる傾向が強く，都市型施設ではシャンデリアや意匠性の強いペンダント器具などで比較的暗めの100～500 lx程度で計画されることが多い。前者は色温度も高く4200～5000Kで賑やかさと入りやすさを印象付けることに主眼が置かれ，後者では色温度も抑え3000～4200Kで落ち着きや高級感を印象付けることを目的とする場合が多い。このような場所ではメンテナンス困難な場合も多く，LED器具の需要は大きい。ただし，長寿命化が実現した上でも，メンテナンスへの配慮は欠かせない。あくまでも既存昇降機との互換性は重視するべきである。また，高出力・高光束が必要で，かつ設置環境が高温になりやすいため，冷却構造の工夫も必要である。E社では独自の冷却構造を採用することで冷却機能の充実と器具の小型化に成功している（図1）。また，このような場所でのアクセントライトの需要も見逃せない。エントランスなどでは催事の案内なども含め，強いアクセントを与えるスポット光を求める声は少なくない。これは空間

---

*　Izumi Okayasu　㈱岡安泉照明設計事務所　代表取締役

第 2 章　施設・店舗用照明機器

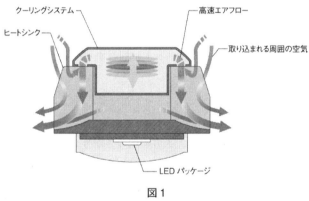

図 1

照度の 2～3 倍の照度と，極力狭い配光が求められる。また，エントランスを意匠的に飾る大型シャンデリアなどでシャンデリア球型 LED 電球などクリア電球型 LED 電球が果たす役割も大きい。

1.2　共用通路

共用通路でも郊外型施設では 500～1000 lx 程度の明るい空間を求め，都市型施設では 100～500 lx の明るさを抑えた空間になる傾向が強い。これも施設の求めるイメージにより大きく左右される。これまでは HID70W や 150W，コンパクト蛍光灯 32W や 42W の天井埋込型ダウンライトが多く使われてきた空間である。天井があまり高く取られていない場合が多いので照明器具

で30°程度のグレアカット角を持っていることが望ましい。また多くの店舗や空間が共存することで空間ごとの色温度の違いが顕在化するのも共用廊下の特徴である。空間ごとの色温度の違いを中和する意味でも，この周辺の器具には色温度の多様性も求められる。

1.3 食品売場

　食品売り場では，売り場面積が大きいため，天井の明るさが与える印象は大きい。そのため，全体照明にFHP32Wコンパクト蛍光灯などを利用したスクエア型天井埋込器具を規則的に並べて，全体照度を500〜1000 lxと高くすることで天井を明るくしたり，コンパクト蛍光灯多灯式ペンダント器具でセードから抜ける光を利用して天井面を明るくするなどの工夫をしている。また，棚が多く存在することから，空間照度の均斉度を高く維持することで，什器の移動などにもフレキシブルに対応できる空間にする場合が多い。□600mmのスクエア型埋器具やコンパクト蛍光灯多灯式ペンダント器具を代替する器具はLEDでも商品化され始めている。生鮮食品売り場ではこれまでネオジウムハロゲンランプやHIDランプとダイクロイックミラーの組み合わせで，赤色やピンク色を強調することで生肉の鮮やかさを強調したり，青味を抜くことで焼きたて食材の暖かさを強調したり，赤味を抜くことで牛乳など白色のものを強調するような手法をとっている。これもLED器具とフィルターの組み合わせによりこれまで以上に多様化する可能性がある。しかし，演色性が大きく損なわれることは避けなければいけないので注意が必要である。また，この部分をLED化することのメリットは照射する商品の温度にほとんど影響を与えないことである。

1.4 総合店舗

　総合店舗でも，売り場面積が大きいため，天井の明るさが与える印象は大きい。そのため，全体照明にFHP32Wコンパクト蛍光灯などを利用したスクエア型天井埋込器具を規則的に並べ，全体照度を500〜1000 lxと高くすることで天井を明るくし，床面照度の均斉度を高く維持することで，什器の移動などにもフレキシブルに対応できる空間にする場合が多い。反面，空間が単調になってしまうことから，重点照明として柱を照らすダウンライトや独立什器を照らすスポットライト器具を多用することで空間が単調になることを避けている。ここでの重点照明は全体照度の2〜3倍の明るさを与える狭い配光の器具が用いられる。□600mmのスクエア型埋込器具や広配光ダウンライトなどベースになる明るさを確保する器具はLEDでも多く商品化され，充実している。グレアに対する配慮はレンズでおこなうよりも，器具の筐体やルーバーでおこなうことが好ましい。なぜなら商品に光源が写りこむことによるきらめきで空間の華やかさの一役を担っているからである。

1.5 衣料品店

　衣料品店では，大衆的なブランドでは高色温度4200〜5000K・高照度500〜1000 lx程度に設

第 2 章　施設・店舗用照明機器

定する場合が多く，高級感を出す場合には，低色温度 2700～3000K・低照度 50～300 lx 程度に設定する場合が多い。またインテリアの色合いなどによっても色温度・照度は大きく作用するが，どちらの場合でも，商品に確実に光を与えることで商品の魅力を引き出すことが重要である。主に，ハロゲン電球 50～75W や HID ランプ 35～70W のライティングレール用スポットライト器具や天井埋込型ユニバーサルダウンライト器具や天井埋込型ダウンライト器具などが使用される。ここに代替する器具の充実は目を見張るものがあるが，最近の傾向として，重点照明として扱うスポットライトでは多重影を嫌う傾向が強く，COB（chip on board）を採用し，器具内単一光源化する動きが活発である。それ以外にも各照明メーカーがそれぞれの特徴を表現しながら多くの器具が商品化されている。また，棚什器は必須であり，棚用の照明も多く使われる。これまでは蛍光灯のスリム管による棚下灯や，コンパクトハロゲン電球による棚下灯が主流であった。革製品なども含め熱に弱い商品への対応は困難であったが，この範囲も LED 化がかなり進んでいる。LED 器具の器具断面積の小ささが普及を後押ししていることは間違いない。ただし，目線より高い位置の棚では輝度に対する配慮が必要になるが，この部分を埋め合わせる LED 器具はまだ少ない。売り場面積が狭いことで，天井や壁に間接照明を入れることで空間に広がりを与えるデザインが採用される場合が多く，従来シームレスライン蛍光灯が多く使われていた。この部分もライン型 LED 器具への代替はかなり進んでいる。ここでも，間接照明では本来，器具の姿を隠すものであることから LED 器具の器具断面積の小ささが大きな役割を担っている。ま

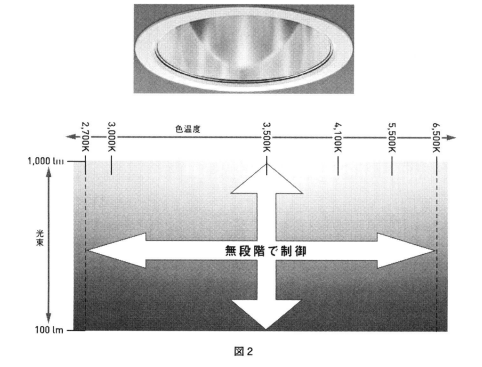

図 2

た，間接照明を設置する場所は，空調の吹き出し口との兼用も多く，蛍光灯では直接風を受けるその部分だけ明るさや色温度が大きく変わってしまうことがあったが，LEDではその心配がほとんど無いのも大きい。試着室ではこれまで5000Kの蛍光灯や3000Kのハロゲンランプを混在させ，さまざまな色温度下での試着を体験させる店舗もあったが，D社の色温度可変型LEDダウンライト器具（図2）などにより，より楽しく，快適な試着環境を提供できるようになったことも衣料品店のサービスとしては大きなことのひとつである

1.6 貴金属店

貴金属店では商品が高価であることからガラスケース内での陳列が主となる。天井からの照明は，ガラスケースの映り込みにもつながりやすいので極力避け，適度な明るさの間接照明を主体に空間全体を構成する。什器内照明では商品に高級感を与えるために，小型ダイクロハロゲン電球の器具を多用し，きらめき感を強調し，色温度・照度ともに低めに設定するのが主流である。この什器内照明では，ほとんどの場合悪いとされるLEDの輝度が有効に働く。これまで色温度・照度ともに低めであった理由には，ハロゲン電球では高色温度が困難であったことと，ハロゲンランプ35Wでも時としてフィラメントの映り込みが強すぎることにある。什器用LED器具の登場により，色温度に選択肢が生まれ，多灯式であることにより輝度の分散・低下，きらめき感の強調とこれまでには無かった多くの効果を得られている。今後ますます多様化し，発展する分野だと思われる。

1.7 映画館

映画館では入り口・チケット売り場・待合などの事前空間を共用部通路より暗い照度，低い色温度に設定することで暗順応の場とする。これまで白熱電球，ハロゲンランプのダウンライトなどでおこなわれてきた場である。調光機能の必要はあるがLED器具への代替は充分に可能である。また，輝度の低い床埋込型のサイン灯などを入れることで，導線を指示することも安全面では有効な手段である。劇場内は高天井の場合が多く，これまではハロゲンビーム球のダウンライトが多く使われてきた。上映直前へのスムーズな暗転のために調光機能は必須である。これも現存のLED器具での代替は可能であるが，調光範囲の暗いところでの分解能が求められる。

1.8 飲食店

飲食店は滞在時間が長く，店舗の雰囲気が他業種の店舗以上に商品としての価値を持つことから，より良い雰囲気作りのための照明手法を強く求められる。間接照明やブラケット照明，ペンダント照明，シャンデリアなどは比較的低い位置に設置され，低い位置であることが落ち着きのある空間を作るための役割を果たしている。また，大衆的な店でも専門料理店でも比較的照度は低く設定され，色温度も2700～3000Kと低く，落ち着いた雰囲気と高い演色性能を理由に，白熱電球・ハロゲンランプを主体に照明計画が行われてきた空間である。また，ほとんどの使用器

第 2 章　施設・店舗用照明機器

具において調光機能が必要となるのもこの空間の大きな特徴である。間接照明やブラケット照明，ペンダント照明，シャンデリアなどは低い位置に設置されることから輝度に対する注意は充分にしなければならない。また，これまでは白熱電球が主であったことからやけどや怪我に対する考慮も必要であった。さらに器具に被せるセードなども熱による変形や発火の注意が必要であった。しかし光に熱線をほとんど含まず，器具外郭の発熱温度がこれまでの光源に比べてあまり高くなりにくいLED照明器具により，これまで電球近傍で使用することができなかった紙や樹脂材料の使用が可能となり，新しい意匠器具が生まれる可能性が大いに期待される。また，もっともオーダーメイドで器具の生産をする可能性が高いのも飲食店である。フレキシブルな対応が可能なミニマルなLEDモジュールが流通し，それを利用した自由なデザインが可能な環境が生まれることにも期待したい。そうすることでデザインの可能性が大きく拓け，新たなる市場が生まれる可能性がある。テーブル上の明るさは，ペンダント器具やダウンライト型器具やユニバーサルダウンライト型器具によって確保されることが多く，より落ち着いた雰囲気を求める場合には，グレアレスダウンライト型器具が好んで使われている。光源はハロゲンランプが使われることが多い。ここでも，M16型LED電球や，専用器具により器具の種類は充実している。

2　量販店

量販店の大きな特徴は，すべての商品を等価に扱うことで品揃えの多さを強調することにある。そのため，照明は一般的に，全般照明方式が採られ，照度も500〜1500 lxと高く，色温度も4200〜5000Kと高い。照度均斉度も高く，什器の移動などに対する自由度も充分に考慮された計画となっている。主にHf蛍光灯器具が使われ，直管蛍光灯型LEDランプへの代替がスムーズに進みやすい施設である。

3　図書館

ここでは全般照明方式による明るさの確保とタスク・アンビエント照明方式による明るさの確保の2種類の手法で，図書閲覧空間について考える。閲覧室では一般的には机上面で750 lx程度の明るさが求められ，長時間の読書にも疲れない光環境を作ることが求められる。具体的には影を手元に作らないようにすること，手元の明るさと環境の明るさに大きな差を作らないこと，まぶしさを感じる輝度が視界に入らないようにすることなどが挙げられる。実際には多くの場合，ルーバー付き天井埋込型蛍光灯器具を均等配置する全般照明方式により，空間全体の照度を750 lx程度確保し，色温度は4200K程度となることが多い。また，照度均斉度も高く，強い影の出現しにくい空間を作っている。ここでは現在多く見られる直管蛍光灯型LEDランプを利用し，ルーバーなどによりまぶしさを配慮した器具設計を行えば，これまでと同様の効果を得ることが可能である。これとは別に，間接光などにより，空間全体での照度を確保し，机の上など明

るさが必要な場所にのみ照明を追加するタスク・アンビエント照明方式を採用する空間が増えてきている。なぜならこの方式を採用すると多くの場合，これまで以上の省エネルギー化が図れること，よりリラックス度の高い上質な読書空間を作ることが可能になること，などが理由に挙げられる。空間照度はおおよそ 250〜400 lx 程度を目標とし，色温度は 3000K 程度と低めの設定となる。手元照度は 750 lx 程度で設定する。空間照度確保の手段の多くは書架上部に蛍光灯などの高光束の光源を用いてアッパーライトなど間接光にすることが多い。これを LED で行う場合，輝度に対する配慮は必要としなくなるが高光束・高効率であることのほかに，書架などの什器と一体化できる意匠面での自由度も求められる。また，手元灯は空間照度で不足している照度を追加するものであることから，あまり明るさは必要としない反面，読書面の反射や強い影の発生しにくい配光・器具形体が望ましい。また，多くの場合，空間に露出することから意匠性に優れていることも重要である。

第3章　屋外照明器具（演出型器具・イルミネーション・街路灯・投光器）

松川晋也*

はじめに

　心意気の「粋」，美意識の「雅」をライティングコンセプトに2012年5月22日に開業した東京スカイツリー。今後，東京の夜景を照らし続ける新しいシンボルタワーには，最新の技術を駆使して開発された屋外型LED照明器具によってライトアップされている。近年，様々なLED照明器具が製造，販売されている中で，もっとも注目されたLED屋外照明器具といえる。

　本章では，LED照明機器のアプリケーションとして，屋外照明器具に着目し，東京スカイツリーに見られるライトアップ型投光器や適正な明るさが確保できる機能重視型のLED街路灯，また，クリスマスのイルミネーションに使用される演出型LED照明も含め，「屋外用LED照明機器のアプリケーション」というテーマで，屋外用LED照明を採用するためのポイントや照明器具におけるソフト面・ハード面について述べ，LED屋外照明器具を導入するための手引きとして紹介する。

1　屋外用照明器具の条件

　屋外器具における最大の条件として，過酷な環境下で使用されることが挙げられる。屋内環境とは異なり，雨，風，直射日光などの外部影響に耐えつつ，その機能を満足させなければならない。屋外用LED照明器具に採用されるLEDモジュールは，素子や基盤部分に耐水性のあるシリコン系樹脂などをコーティングやディッピングすることで，既存光源と比較しても安易に，LED関連部品の防水性能を高めることができる。しかしながら，屋外にLED光源を採用した結果，より眩しさを感じたり，また，屋外用器具としての防水構造が施されていない場合には，不点灯や絶縁不良に至るケースも考えられる。最近では，LED街路灯に搭載した電源装置が原因で電波障害などを引き起こしている事例も見られる。

　下記項目では，今までの既存器具での必要条件に加え，LED光源を主とした屋外型LED照明器具を導入する際の注意すべきポイントなどについて列挙する。加えて，2012年7月1日より電気用品安全法が改定され，新たに追加される，「エルイーディー電灯器具」の技術的な内容を

---

*　Shinya Matsukawa　ヤマギワ㈱　プランニングデザインスタジオ　東京スタジオ
　　　　東京TEC　東京スタジオ長；東京TEC室長

踏まえ，LED屋外照明器具の条件について述べる。

■　屋外型LED照明器具導入のポイント，注意すべき点について下記に示す。
　①　屋外に使用してもその環境（IPレベル）に耐える防水構造の仕様になっているか？
　②　屋外環境に対してJISなどで定められた適切な材料を使用しているか？
　③　屋外環境を考慮した塗装などで表面処理が施されているか？
　④　地震，振動や強風，降雪に対して，照明器具の強度は担保されているか？
　⑤　雷サージやアースなど絶縁処理対策は施されているか？
　⑥　湿気や雨水などが器具の中に溜まらない構造となっているか？
　⑦　人が容易に触れる環境に設置される場合の安全対策は講じられているか？
　⑧　LEDの照度・輝度・色温度・演色性は要求を満足する仕様となっているか？
　⑨　グレア（眩しさ）対策を施し，歩行者や運転者などの妨げになっていないか？
　⑩　既存光源と比較して，省エネ性の高い経済効果が得られる仕様となっているか？
　⑪　光害対策ガイドラインに準じた器具となっているか？
　⑫　器具内部が直射日光による温度上昇の影響でLED部品等が短寿命とならないか？
　⑬　LEDからの光出力により，ちらつきなど生じていないか？
　⑭　LED電源装置から発せられるノイズにより他の電子機器に悪影響を与えていないか？
　⑮　電気用品安全法に準じた屋外型の防水構造となっており，適合検査はなされているか？
　⑯　電気用品安全法に則ったPSEマークは適切に表示されているか？
　以上のような条件でLED屋外照明器具が開発・設計されなければならないと考える。また，器具採用側にとっても導入のポイント・注意点といえる。参考までに，上記に挙げている項目から引用できる基準・規格は下記の通りである。

■　導入にあたり準拠すべき規格・基準を下記に示す。
　・　電気用品安全法（PSE）
　・　日本標準規格　一般照明用LEDモジュール安全仕様　JIS　C8154
　・　日本照明器具工業会　屋外用照明器具の一般通則　JIL5001
　・　日本照明器具工業会　白色LED照明器具性能要求事項　JIL5006
　・　日本照明器具工業会　照明用ポール強度計算基準　JIL1003
　・　日本照明器具工業会　ガイド117　2010
　・　環境庁　光害ガイドライン　2010
　・　社団法人　日本防犯設備協会　「防犯灯に関する調査研究報告書」

　上記の規格・基準に基づき，LEDの特徴を生かした屋外照明器具が設計・製造され，購入者側も安心して使用できる環境が確立されるべきと考える。

第 3 章　屋外照明器具（演出型器具・イルミネーション・街路灯・投光器）

表 1　屋外照明の主な機能と該当機種アプリケーション

LEDの主な機能・特徴	屋外における光のコンセプトや使用意図	該当機種	屋外型LED照明機器アプリケーション
LEDの発光を見る意匠的な光	意匠的な光、集客する光・楽しむ光、演出的な光	意匠・演出型屋外照明器具	LEDイルミネーション、RGB演出型LED器具、LED地中埋設型器具など
LEDで照射物を照らす機能的な光	機能的な光、ライトアップ、安全・安心な光	機能型屋外照明器具	LED防犯灯・LED足下灯、LED街路灯・LED投光器、LED庭園灯など

2　屋外型LED照明の種類と使用用途

　屋外型LED照明器具は広範囲な環境に導入され，その種類・機種は多種多様にわたる。ここでは，屋外照明に採用される種類を「意匠的な光」と「機能的な光」に分類し，また，想定される光のコンセプトや使用意図および該当機種について区分けし，それぞれの屋外型LED照明機器アプリケーションとしてまとめ，表1に示す。

　表1から，屋外型LED照明機器アプリケーションは大きく二つに分類され，LEDの発光を見る意匠的な光をコンセプトとした「意匠・演出型LED屋外照明器具」とLEDで照射物を照らす，機能的な光を目的とした「機能型LED屋外照明器具」に分けることができる。次項では，それぞれのLED照明機器アプリケーション別について，照明器具の視点から述べ，ハード面，ソフト面における個々の特徴や注意点，採用・導入のポイントについて紹介する。

3　意匠・演出型LED屋外照明器具

　十数年前，青色LED素子の誕生をきっかけに開発された当初のLED屋外器具は，ブルーの色調を生かした意匠優先型器具が主流であった。防水性能を容易に担保でき，低照度の性能でもメリットが生かせる，屋外環境からの導入が見られた。この当時は，高輝度なLED自身から放たれる，色とりどりにカラフルな発光色を見て楽しむ，装飾系の商品が数多く製造・販売された。今でもその流れは存在し，クリスマスの夜景を彩るイルミネーションや赤・青・緑のLEDを搭載した演出型器具に分類され，その使用用途は多種多様にわたる。その後，技術の進歩とともに光束が高くなると商業施設や公共空間において，デジタル制御が可能なRGB演出型LED器具が普及し始め，夕方から夜間にかけて点灯することの多い屋外環境では，今までの光源と比べて省エネ性が優れていることもあり，数多く採用されることとなった。何万色の中から屋外環境に適した色調をコンピューター制御により選定し，外部空間に溶け込むような夜景を演出したり，また，商業施設のにぎわいやアイキャッチ的な集客効果を引き出すことのできるRGB演出型LED器具は，屋外照明デザインの考え方を一遍させることとなった。一方，ランドスケープに

おける照明手法のひとつとして，グランドライン部分にLED地中埋設型照明器具を採用することで，今までの光源では実現できなかった床面での光のデザインを施すことが可能となり，幻想的な空間を作りだす演出が可能となった。LED屋外照明器具の中でも，意匠的な効果を目的とした，意匠優先型器具やカラー演出が可能なRGB演出型LED器具などは現在においても，その代表的なアプリケーションといえる。次項では，意匠・演出型LED屋外照明器具における，その代表的なLED照明機器アプリケーションを紹介する。

3.1 RGB演出型LED器具

RGB演出型LED器具は，主に赤，緑，青色のLED素子を搭載した照明機器でカラーライティング用照明器具とも呼ばれる（写真1）。LEDは半導体素子で作られているためデジタル制御との相性が良く，さまざまな光色を自由に表現することができる。従来であれば舞台照明などに限られていたが，デジタル制御をきっかけに屋外環境にも軸足を拡げることとなった。既存光源で

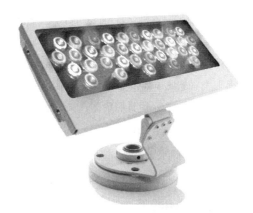

写真1　RGB演出型LED照明器具
ⓒフィリップス

写真2　カラーライティングを施した事例
ⓒヤマギワ

第3章　屋外照明器具（演出型器具・イルミネーション・街路灯・投光器）

は実現できなかったことが，RGB演出型LED器具によって「多色光の表現（カラーライティング）」が可能となり，照明デザイナーやランドスケープデザイナーを中心に，公共空間やビル外壁などへの屋外照明デザインの表現方法として広く導入され始めた。また，従来仕様よりも飛躍的に操作性が向上し，照明器具側に個別のアドレスを設定することで細やかな演出表現が可能となり，また，電気工事の施工性も大幅に省力化が図れるようになったことも普及拡大の一因と考えられる。デジタル制御の手法は舞台照明などで使用されているDMX512と呼ばれる信号で制御され，表現できる色調は最大で1670万色の演出が可能である。その結果，色とりどりにライトアップされた商業施設は集客効果を高め，また，ビルの外壁を自社カラーで照らし上げることでCI（Corporate Identity）を表現する手法として使用された事例もある（写真2）。照明器具の視点から見ると，過去にはローボルト電源で駆動する機種が主流で，電源装置の設置場所の確保に苦慮したり，2次側コードの電圧降下等により，明るさの低下が見られるなど，使い勝手に制限があったが，現在では，器具側に電源装置を内臓し，100Vの商業電源をそのままダイレクトに使用できることで，設置場所の選定にストレスを感じることのない最新型機器も開発され，採用する側の選択肢も改善されている。

3.2　イルミネーション演出照明器具

　年末のクリスマスシーズンが近づくと商業施設や公共空間の至るところでカラフルなLEDを使ったイルミネーション器具が見られる（写真3）。最近では，個人の住宅を色とりどりに演出させたり，また，観光客が訪れるほどの大規模にイルミネーションされている施設もある（写真4）。手軽に導入できる反面，扱い方には注意を必要とする。LEDイルミネーション導入時，最優先に確認すべき点は，電気用品安全法の装飾電灯器具の品目に該当しているため，PSEマークの表示がなされている製品であるかを確認する必要がある。過去には海外製品などが導入され

写真3　LEDイルミネーション器具
ⓒフィリップス

写真4　LEDイルミネーション事例
ⓒヤマギワ

た際,品質が安定せず不点灯などの事例もみられた。また,製品自体が簡易な構造で製作されているため,雨水などの防水対策には十分な注意を必要とする。一方,誰でもが容易に施工できるため,器具同士を数多く連結する場合には,機器の電気容量の確認や使用する電源コードの選定など電気的な知識を必要とし,内線規定や電気設備技術基準などを遵守しなければならない。最悪なケースでは漏電や火災に至ることも考えられるため,取扱説明書の確認や電気工事の資格を保有されている方に施工していただくことをお勧めする。

3.3 LED 地中埋設型照明器具

屋外照明にLEDが導入され始めたころ,床面に宝石をちりばめたイメージが表現できる地中埋設型LED照明器具が採用され,ランドスケープの夜景を彩る新しいライティングデザインの手法として認知された(写真5)。屋外環境にLED光の輝度のみで使用されるインジケーター灯は,幻想的な空間を作り出すことができる。グランドラインレベルに設置される器具形状は,角型・丸型・ライン型などが存在し,単色仕様の他に,カラー演出できるタイプもあり,多彩な演出も可能となっている(写真6)。最近ではLEDの進化によりインジケーター灯の領域を超え,

写真5　LED 地中埋設灯設置事例
ⓒヤマギワ

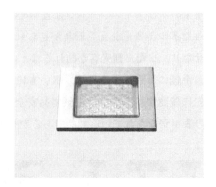

写真6　LED 地中埋設灯
ⓒヤマギワ

写真7　ハイパワーLED 地中埋設灯
ⓒヤマギワ

第3章 屋外照明器具（演出型器具・イルミネーション・街路灯・投光器）

地中埋設型でありながらハイパワーな LED 照明器具も市場に販売され始めている（写真7）。屋外に採用される LED 地中埋設型器具のポイントは，取付環境が予想以上に苛酷で，施工精度や設置環境により，器具性能が大きく左右されることを認識しなければならない。特にゲリラ豪雨などに見られる雨水により，排水処理が間に合わず，器具が冠水して絶縁不良に至ったり，また，直射日光の影響が考えられる環境では，器具内部の温度上昇により，LED 素子が想定以上の熱的ダメージを受け，設置後に LED の寿命が著しく短寿命となる可能性も考えられる。よって，LED 地中埋設型器具採用の際は，器具内部に雨水などの水分が浸水しない構造となっているか，また，器具内部の温度管理マージンがどの程度余裕があるか，など事前に情報を入手して採用の検討を考慮すべきである。一方，床レベルに設置されるため耐荷重構造になっていても，緊急車両等の通過動線により，器具の破損に至らないか確認を必要としたり，また，歩行者などが器具を踏みつける場合は，表面ガラスに滑り止め加工を施し，転倒事故などを未然に防ぐ配慮をとった器具を選定することが望ましい。以上のような対策が施された器具を採用，導入することが重要なポイントといえる。

4 機能型 LED 屋外照明器具

近年，LED 素子の開発スピードは急速に進化し，技術的にもコンパクトでハイパワーな素子が市場でも見られるようになった。その LED の性能向上に伴い，マルチチップと呼ばれる光束の高い LED 素子が登場すると，機能的な光を目的とする LED 屋外照明器具が次々と開発され始めた。機能型器具の必要条件である高光束，高効率な LED 素子の利点を生かし，必要な照度を確保しながら消費電力の低減を必要とする屋外環境や，既存光源と比較しても経済効果が十分見込まれ，節電効果を発揮できる公共空間に導入されることとなった。また，東日本大震災を契機に，安全で安心な光源としても LED は注目されつつあり，機能を満足しながらも熱を発しない特徴を利用して，人が手で触れる箇所に設置されてもやけど事故などが発生しない点も採用の理由となっている。最新型の素子を搭載したほとんどの機種は機能優先型器具のため，輝度も高く，眩しさ感のある仕様も見られたが，最近では，反射鏡などを工夫して眩しさの低減を図ったり，また，LED 光源と気がつかないほどにグレア感のない，プロダクトデザインが優れた器具も販売されている。機能型 LED 屋外照明器具のハイパワーな光は，今までの出力では演出できなかった高さまでライトアップが可能となり，既存光源器具でしか実現できなかったところでも，LED 光源で演出が可能となるぐらいに性能が向上した。よって，照明デザインの演出も，意匠優先型器具から機能型器具を使った照明手法に範囲を広げることとなり，機能的な光効果を目的とする屋外型 LED 照明器具の需要は今後，ますます高まっていくと考える。次項では，機能型屋外 LED 照明器具の代表的なアプリケーションである，LED 街路灯や LED 投光器，LED 庭園灯などに着目し，その機能や注意点など照明器具側から見た視点で紹介する。

写真8　点光源 LED 街路灯
ⓒ岩崎電気

写真9　グレア制御型 LED 街路灯
ⓒヤマギワ

4.1　LED 街路灯，LED 防犯灯

　屋外用 LED 照明器具の中でもっとも進化を遂げているアプリケーションは，LED 街路灯，LED 防犯灯が挙げられる。LED のハイパワー化に伴い，既存照明に引けをとらない同等の性能をもった機種が開発されている。LED の進化に合わせながら使用用途を広げ，現在では高ワットクラスのメタルハライドランプに匹敵するものも登場している。街路灯や防犯灯は，車両や歩行者の安全を確保する照度を必要とするため，点光源の LED 素子を多数並べて高光束化している器具が主流となっている（写真8）。しかしながら，高輝度な点光源であるがゆえに LED 特有の眩しさを感じやすく，運転者や歩行者などへのグレア（眩しさ）対策を必要とする。最新型のLED 街路灯は，筐体内部の反射鏡制御や光源の位置を工夫して眩しさ感を低減している器具も見られる（写真9）。また，最近では，点光源の手法を感じさせないような器具形状で，グレア対策を施したデザイン性にも優れた LED 街路灯も登場している（写真10）。一方，LED 防犯灯においては，今までの料金体系が蛍光灯の消費電力をベースに設定されていたため，20W 以下の電力料金は一律同じであったが，今回，経済産業省より新しい料金体系が制定され，消費電力が 10W 以下の LED 防犯灯では，地方自治体などが，負担する料金が低減されることとなった。その改正に伴い，10W 以下の低消費型 LED 防犯灯が登場し始めている（写真11）。しかしながら，消費電力が低くなると光束も同様に低くなり，今までの必要照度を確保しようとすると設置台数が増えてしまう傾向となるため，配光データなどを事前に確認する必要がある。日本防犯協会が定める照度クラスをクリアし，器具ピッチの間隔が広く設置できるタイプを選定することが望ましい。また，東日本大震災以降，街路灯の節電対策として消費電力の高い既存光源から最新型の LED ランプに交換することで，簡易に省エネ型 LED 街路灯としてリニューアルする事例が見られる。素子同様 LED ランプも進化を続けており，配光に工夫を凝らせたものや効率の良いハイパワーなものも開発され，口金ソケット部分の嵌合さえあえば，安易に LED ランプに交換

第3章　屋外照明器具（演出型器具・イルミネーション・街路灯・投光器）

写真10　LEDデザイン街路灯
ⓒヤマギワ

写真11　LED防犯灯
ⓒヤマギワ

写真12　ハイパワーLEDランプ
ⓒ岩崎電気

することができる（写真12）。しかしながら，手軽さであるがゆえに注意すべき点も多く，放熱部材によりLEDランプの重量が，既存光源より重くなっているため，落下などに至らないか事前に強度を確認する必要がある。また，リニューアルされる各街路灯の形状が個々に異なるため，灯具内部の容積が小さい場合には，LEDランプの温度上昇により，短寿命に至らないか，検証を必要とする。また，最近の事例では，LED光源のハイパワー化に伴い，LEDを点灯させる電源駆動装置から発生するノイズも同様に大きくなり，場合によっては電波障害などの影響が出る恐れがあるため，EMC（Electro Magnetic Compatibility）の適合性試験を行っているか確認する必要があり，その対策を取られた器具を選定すべきである。

LED 照明のアプリケーションと技術

写真 13　400WLED 投光器
ⓒ岩崎電気

写真 14　高出力型 LED カラー演出投光器
ⓒフィリップス

4.2　LED 投光器，LED 屋外型スポットライト

　LED 投光器および屋外型スポットライトに必要な採用条件のひとつに，省エネルギー性能が優れていることが最大の条件として挙げられる。夜間に常時点灯されているケースが多く，採用の際には事前に既存光源との省エネ性を比較検討する必要がある。使用用途としては，建築壁面へのライトアップ用 LED 投光器や屋外広告へのスポット的な照明，また，公園などの景観照明やランドスケープ向けの演出用器具などが主流となる。比較される既存光源は，メタルハライドランプや水銀灯などのハイパワーな光源となるが，最近では，400W クラスの高光束な出力をもった LED 投光器も開発，販売されるようになった（写真 13）。一方では樹木などを鮮やかに照らすため，演色性を重視した器具を必要としたり，また，ライトアップする建築環境の色調具合により，色温度を数種類選定できる機能を有していることが望ましい。東京スカイツリーに見られるような色鮮やかでカラフルな演出が可能でありながら，数百メートル先方までライトアップできる高出力型 LED カラー演出投光器も製品化されている（写真 14）。

　LED 投光器，屋外型スポットライトは，照射方向を自由に設定でき，指定された照射範囲を効率よく照らす機能を有する器具でなければならない。その際には想定される光束や色温度の選定とともに，角度の異なる反射鏡やレンズにより配光角度を選べることが必須条件となる。ある事例では，遠距離な位置から照射する際には照度を確保しながら，狭角な配光角度を必要とされたり，また，広範囲に照らす場合においては，広角な配光角度をもった器具を効率の良い台数で演出できることも要求される。このように LED 投光器やスポットライトを使って，いろいろなシチュエーションが想定される屋外環境を美しく演出するためには，実際の状況に照らし合わせながら，照明器具側で容易に光制御できることが望ましい。よって，グレア対策のルーバーやフィルターなどをオプションで装着が可能であることも採用のポイントといえる。現在，LED 素子を多用してハイパワーを出すものが主流ではあるが，最近では，素子ひとつで発光する LED モジュールを使い，光の質を追求した美しい配光制御を表現できる機能型屋外用スポットライトも登場している（写真 15）。

第3章　屋外照明器具（演出型器具・イルミネーション・街路灯・投光器）

写真15　ワンコア型LEDスポットライト
ⓒヤマギワ

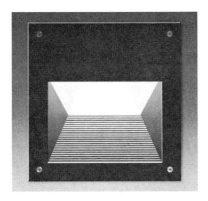

写真16　グレア対策LED足下灯
ⓒヤマギワ

写真17　光学制御LED庭園灯
ⓒヤマギワ

4.3　LED庭園灯，LCD足下灯

　一般の住宅やマンションのエントランス，また，公共空間の夜間における安全確保を目的とする照明手法として，庭園灯や足下灯が挙げられる。過去には防犯の目的と歩行者などの安全性を兼ねて，背の高い街路灯などを配置して全般的な照度を確保することが一般的な照明手法あった。最近ではグランドライン近くに光源を配置して，光の陰影を作り出す手法が照明デザインのトレンドとなっている。その演出を満足させるため，最近では，既存光源と比較しても経済効果が高いLED光源を使った庭園灯や足下灯が導入され始めている（写真16，17）。また，ほとんどの器具が1m以下に光源位置が設置されるため，照明器具が身近に存在し，手で触れた場合でも，やけどなどを起こすことの無い安全性の高い器具であることも，LEDが導入されている理由といえる。また，人の動線に近い環境に設置され，目に付きやすい事もあり，器具形状のデザ

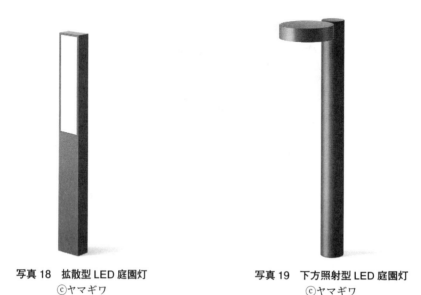

写真 18　拡散型 LED 庭園灯
ⓒヤマギワ

写真 19　下方照射型 LED 庭園灯
ⓒヤマギワ

イン性にも配慮する必要がある。現在では，空間に溶け込むようなモダンなプロダクトデザインでありながら，LED 特有のまぶしさを感じさせない，美しい配光制御を施した LED 庭園灯，LED 足下灯が販売されている。その中でも 1945 年から全世界で屋外照明器具を販売しているドイツの BEGA 社は，エクステリア照明の草分け的存在で，日本でも古くから屋外照明器具での分野では人気があり，現在も建築家や照明デザイナーに採用され続けている。建築空間に溶け込むようなシンプルなデザインでありながら堅牢性に優れ，高度な配光制御を実現できる LED 庭園灯・足下灯は，エクステリア照明のスタンダードといえる（写真 18，19）。

5　光害について

　環境省は地球温暖化防止への取り組みとして「光害」抑制に関するガイドラインを策定し，動植物から人類まで，幅広くその影響などを考慮することで良好な屋外照明環境を実現させることを目的としている。屋外照明に携わるすべての方々がこのガイドラインを理解し，行政関係者を始め，施設関係者や照明デザイナー，また，照明器具設計・製造を担う機器メーカーなど，関係する方々が，屋外における「光害」について認識すべきである。また，その光害ガイドラインに基づき「照明率」「上方光束比」「グレア」「省エネ性」などの基準をクリアするとともに，CIE や JIS，JIL，また景観条例や広告物条例などにも適合する必要があるので，採用する照明器具はその他の基準にも準拠していることが望ましい。

第3章　屋外照明器具（演出型器具・イルミネーション・街路灯・投光器）

6　LED屋外照明器具に対する今後の期待

　これまでさまざまな屋外型LED照明器具について述べたが，今後に期待する部分とLED屋外照明器具がこれからどのように進化していくべきか述べる。

　まず最初に，太陽電池とのコラボレーションが挙げられる。現在，各屋外照明器具メーカーから，太陽電池搭載型のLED街路灯やLED庭園灯が発売されている。しかしながら，発電する性能は優れている仕様とは言いがたい。価格面も高コストであり，また，デザイン面なども制約が多く，大半が太陽電池関連部品の進化に依存しており，広く普及しているとはいえない状況がみられる。よって，この分野の革新的な進化が見込めない限り，新製品などの開発も難しいため，太陽電池における関連事業のさらなる発展を望む。

　次にICT（Information and Communication Technology）技術との融合が挙げられる。LED素子は半導体のため，デジタル機器との相性がよく制御性に優れている。デジタル制御により，LED屋外照明分野は今後，進化・発展していくと考える。現在もデジタル制御によって，カラー演出など行っているが，基本的には制御信号が片側方向のみでの制御となっている。

　今後，ICTとの融合により，双方向の情報をやり取りすることで無限な可能性が考えられ，デジタル機器との関係性は不可欠といえる。ある事例では，スマートフォンでLED街路灯を必要な時に点灯させて省エネルギーに役立てたり，可視光通信技術をLED屋外照明器具に応用する事例などの実験も始まっている。今後，屋外にLED照明が設置されることで，社会に役立つインフラ的な要素を持つこととなり，さらなる発展の可能性を秘めている。

　政府による，新エネルギー成長戦略の基本方針により，「チャレンジ25地域づくり事業」など，国や地方自治体が展開しているLED補助金・助成金などの交付により，屋外照明器具の需要拡大が見込まれる。特にLED街路灯やLED防犯灯の導入は，地域の活性化や地球温暖化防止などの施策として国や各自治体を中心に取り組みがなされている。しかしながら，すべての地域で補助金などの対策が行われているわけではなく，情報提供にも一部偏りが感じられるところもあり，国策としての規制緩和がなされることで，より一層の普及と認知度の向上が必要と考える。

　今後，屋外環境において社会に貢献できるLED屋外照明器具として提案・導入されることを期待する。昨年の大震災時には，電気などのライフラインがストップし，社会生活に多大な影響があったが，今後は，電源供給がなくとも明るさを確保できる太陽電池付街路灯が役立ったり，照明器具内に蓄電池を内蔵して非常用電源として使用されるなど，災害対策としての利用も考えられる。また，屋外に設置されている利点を生かし，ICT技術や可視光通信により携帯などを通じて情報が容易に取得できたりすることも可能となるであろう。以上の課題や問題点を解決し，LED屋外照明器具が進化することにより，今後，この分野が発展することを望む。

おわりに

　屋外環境とは，太陽光や雨，風，雪など大自然との関係性を持ち，また，公共性の高い環境といえる。その中での照明器具の存在は，意匠的な光や機能的な光により構成され，人々に対して「光」という分野で貢献している。

　今回，新しくシンボルタワーに使用されるLEDの光は，人の心をなごませたり，感動を与える力を持っている。また一方では，東京大震災を契機に省エネ性能を要求され，かつ，社会生活の中で人々の暮らしを安全で快適に照らすことができる屋外型LED照明器具は今後も求められていくと考える。技術的な進化による性能向上はもちろんの事，それに携わっていく私達照明関係者の努力も必要であろう。屋外環境の要求されるニーズに答えられるLED屋外照明器具を提供し，その橋渡しを行うことが照明機器メーカーの責務と言える。

　今後，屋外において意匠性の高い演出型器具では，人を感動させるような照明デザインを実現させ，機能的な光を照射できる屋外照明器具では，魅力的で価値ある空間・環境つくりに貢献できればと考える。今後，これまで述べてきた屋外型LED照明器具により，産業界や照明業界が今以上に活性化される事を期待する。最後に，本稿を執筆するにあたり資料の提供やご意見を頂いた皆様に感謝の意を表す。

第4章　オフィス・住宅用照明器具（ベースライト，ダウンライト，電球型，蛍光ランプ型）

遠藤充彦*

はじめに

オフィスの照明と住宅用の照明器具として，求められる器具の形状や照明光の質は異なる。空間性能とするとオフィスにおいては作業効率が求められ，住宅では安らぎが求められる。

さりながら，光の基本軸はかなり似通ったところがある。

現代人の生活において，就労者の一日を考えると24時間のうち，通勤時間を抜いたとしても，就労は8〜10時間，就寝時間を6〜8時間で，住宅で起きている時間は多くても6時間，短く換算すると4時間程度となる。就労している時間がかなり多く，オフィス空間ですごす時間も必然的に多いといえる。一般には，作業効率が望まれるオフィス空間では明るく，均質な空間作りが望まれ，長時間作業ではストレスをためてしまう傾向にある。これに比べ，住環境では家事用の設備が高機能化し，余暇時間を多く作れるようになった。住宅では食事や入浴などの憩い，テレビ・ビデオ観賞・読書や裁縫といった趣味，料理や洗濯といった作業など様々なシチュエーションがあるが，基本，各種作業性を高める光とストレスを解放する癒しの空間づくりが望まれている。

1　オフィス用照明器具

1.1　オフィス空間と照度の変遷

世の中に今でいうオフィスビルが出現したのは，おそらく1904年フランク・ロイド・ライトの設計によるラーキンビルで，事務作業が会社において行われだし，机を並べ，書類作業をおこなうためのスペースとして生まれた。この時代では建築において人工照明よりも自然採光が重要な課題で，吹抜け空間で上部から採光がとれるよう設計され，補助的に人工照明のペンダントが下がってきている。また，この事務スペースを取り囲むように役員室，応接室がレイアウトされた。時代は経て，1936年同氏のジョンソン・ワックス本社ビルではロングスパンの柱で構成された，広く天井高の高い執務エリアを設計，ガラスパイプによる自然採光の面発光天井がある。この時代，オフィスワーキングのワークスタイルが生まれ，ライトはワーキングデスクもデザイ

---

*　Mitsuhiko Endo　ヤマギワ㈱　PDS：プラニングデザインスタジオ　執行役員　統括スタジオ長

LED 照明のアプリケーションと技術

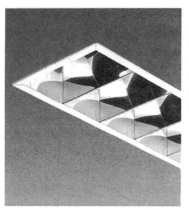

写真1　アルミ鏡面反射鏡
（ヤマギワカタログより）

ンしている。書類だけではなく，電話・タイプライターなどの事務用機器がオフィスの機械化を促進した。

　1980年代，アメリカを中心にオフィス用大型コンピュータの導入が始まり，ワークスタイルが変容した。大勢の人の業務分業し，デスクワークが細分化され，それを統合する作業・会議をする付加的コーナーも必要となり，インテリアデザインでは，ワーカーを広いフロアに配置し，かつ付加的なスペースを配して，できるだけオープンなスペースデザインする（オフィスランドスケープ）の思想が普及，オフィスレイアウトのフレキシビリティーも加味して，照明ではどのコーナーもできるだけ均質な照度確保が望まれた。なお，この時点では照明器具は直管型の蛍光ランプにまぶしさを防ぐルーバーを設けた天井埋め込み器具が使用されている。

　以降，照明器具内にアルミ鏡面仕上げの反射鏡（写真1）を内蔵させ，ワーカーの机上作業の位置からまぶしさを防ぎかつ，側面方向に反射鏡からの光度が有効に得られる配光（バッドウイング：図1）により，机上に有効かつ配置間隔をできるだけ伸ばし，照度の均整度を上げた器具が採用された。また，この設計思想を利用し，U字型の蛍光ランプを使って，正方形の器具を作り，机の向きがどちらに向いても有効に照度が得られるように設計された器具もデザインされ，これらの天井埋め込み反射鏡内蔵の照明器具がオフィススペース（写真2）のベースライトとなった。なお，この器具の設計思想と効果は他のマーケットでも利用され，百貨店・ショッピングセンターなどの商業施設でも平均照度を得るため，採用された。

　国内においても，概ね米国の流れ同様，80年代では同様の器具が主流の器具となった。

　なお，この後，国内では蛍光ランプのコンパクト化・高周波点灯型（Hf管）の普及により，80年代では，ワークプレイス（執務エリア）で概ね机上面平均照度500Lxから，ワープロ・コンピューターの普及により，90年代では750Lxへと設定照度が上がってきた。

　照明の配置計画では，この机上面750Lxの設定に際して照度計算では保守率70％を加味する

第4章　オフィス・住宅用照明器具（ベースライト，ダウンライト，電球型，蛍光ランプ型）

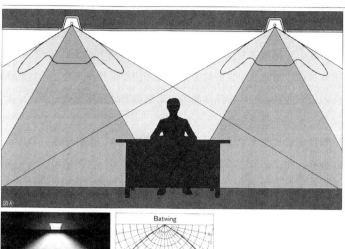

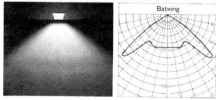

図1　バッドウイング配光
（ヤマギワ・カタログより）

写真2　正方形天井埋め込み型器具のオフィス
　　　　U字型蛍光ランプ器具（アルミ鏡面反射鏡）
（ヤマギワ・TLマニュアルより）

ため，初期照度では1,000Lxをオーバーした。

　また，2000年以降オフィスビルの超高層化は激化し，照明以外の設備機器も合わせ施工の迅速さとフレキシブルな機能性から600ないしは640mmのグリッドシステム天井が多くなり，

LED照明のアプリケーションと技術

FHP管による角型蛍光ランプ器具が普及した。

新築の超高層ビルでは，天井高が高くなり，それに合わせ均一照度確保のため，1,800mmピッチの器具配置により，以前にもまして照度アップし，ある案件では初期1,300Lxを上回るところも出始めた。なお，この状況の反面，蛍光ランプ器具でも調光可能な器具が普及し，初期照度補正や階高・天井高が高くなるのに合わせ，特に自然採光のある窓側では自然光センサーにより，調光し，省エネを図るようなシステムが普及した。

同時進行で，国土交通省・経済産業省などでは省エネ法を立案し，その実行では，各ビルオーナー・デベロッパーの努力により，オフィスビルでも省エネのためにベース照明の照度を下げる志向が生まれだしてきた。そんな矢先の2011年3月11日の大震災があり，その年の夏，一挙に「節電」が抑止力となり，一斉にベース照明の照度を低くすることとなった。

その「節電」の指針としての照度設定では，ベース照明をおおよそ500Lxとり，それで足りない箇所では，手元あかりで250Lx程度の照度を加算するというタスクアンドアンビエント照明手法（TAL）が推奨された（照明学会）。このTALは80年代後半にも国内で実験実用されたが，当時の使用光源の光束量が少ない一方，求める照度が高かったため，あまり普及しなかった。ただ，震災以後の昨今では，ベース照明照度を低下させて，省エネを図る機運にあり，デベロッパーごと自社内のフロアで実証実験し，ベース500Lx以下，おおよそ300Lxでもよいとの判断もされて出してきている。

1.2 オフィスワーキングの変化と照明要件

前項で照度を旨にその変遷を述べたが，国内では1980年代後半にパーソナルなワープロが普及する一方，米国では90年代初頭にはPCが普及し始め，遅れて90年代中盤に国内でもオフィスワークにPCが広く普及，従来書類を筆記する「下を向いていた」ワーキング姿勢から，ペーパーレス化となりPCモニター画面に向かい，椅子の背に身をゆだね「水平方向を見る」姿勢に

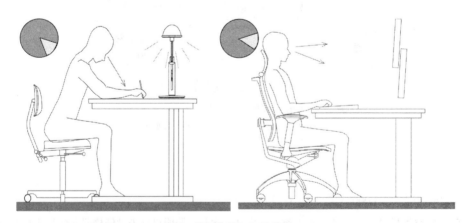

図2　筆記作業からIT作業へ
（ヤマギワ・プラニングデザインスタジオ著作）

第4章　オフィス・住宅用照明器具（ベースライト，ダウンライト，電球型，蛍光ランプ型）

変化し，視界の変化は照明環境に大きな変革を求めることとなった（図2）。

過去はブラウン管を使ったモニターため，画面輝度が低く，周囲，特に天井照明の画面への映りこみ（光幕グレア）の排除が重要用件であったが，カソードチューブやLED光源によりモニター輝度は上がり，現在では重要用件ではなくなった。

TALの導入により，アンビエント（環境・身の回りの）照度は抑えられることとなると，

重要視されるのは，デスク周りとモニターの先にある視界に入る事象が改善個所となる。デスク周りでは，明るくなったモニター画面と机上面，モニターを挟む左右の視界に入るパーティションや機材の立面同士の輝度差が大きくならないことが，視作業にストレスを軽減するポイントとなる。

また，モニターの先にある視界に入る場所では，自席より先の天井照明・天井面・壁面・柱面などの水平，垂直面に大きな輝度差がないように器具の配置や器具の配光に考慮することが設計に必要となった（図3）。その際，ワーカーへのグレアを排除し，内装材の照射面に陰影が少なくなるように，できるだけ拡散光を利用することが望まれる。

ワーカーの視野から類推して，手元の明かりとしてのタスクライトの器具の高さと照射エリアの設定要件は以下のとおりとなる（図4）。

ワーカーへのグレア防止の要件

- ベース照明に合わせ，タスクライトは，直下方向 上限500Lx照射が可能な灯具
- 椅子に座った姿勢での視点の位置はおよそ床から1,100mm（±50）
- タスクライトの灯体の高さは，できるだけ水平にし，視線の高さ以上にはならないようにする（灯体の高さ400mm＝1,100－机上高700）
- タスクライトは，できれば調光できること

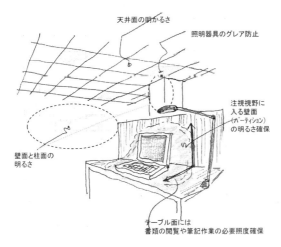
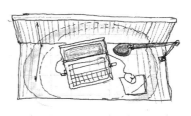

図3　デスクワークでの輝度配慮ポイント
（ヤマギワ・プラニングデザインスタジオ著作）

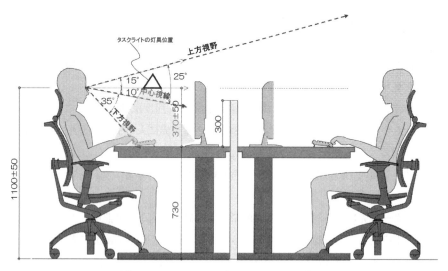

図4　タスクライトの高さとワーカーの視界
（ヤマギワ・プラニングデザインスタジオ著作）

・天井照明のグレアカットは30°
・天井照明器具の輝度を抑えるため，ルーバー・ディフューザーの使用
・できれば，照明器具と天井の輝度差を抑えるため，サスペンション式の間接照明器具の利用などが挙げられる。

1.3　今後求められるオフィスビル空間性能と省エネの潮流

昨今のオフィスビルでは高層化することに合わせ，天井の高さ，フロア面積を大きくしてスパン・ビーム間が大きくなる傾向にあり，空間性能として単純なデスクワーク作業にとどまらず，一般のワーカーでも徐々にPCや通信機器の発達，普及により，必ずしも自席に留まらなくてもよい状況となり，個人よりもグループのネットワークによって一つのプロジェクトが遂行されるように仕事の仕方・スタイルも大きく変容してきており，個々人の専有面積を増やすのではなく，逆にそれを小さめにし，共有スペースや来客・クライアントとのスペースを増大させる機運にあり，それは，来客を中心としたカスタマーズエリア，打ち合わせや講演などができる会議室，社内でのグループ作業のためのオープンエリア，コミュニケーションスペースや福利厚生スペース，縦・横の導線（廊下・階段・ELVホールなど）の共用スペース，等々のスペースで多岐にわたる。

ワーカーもコアタイムに縛られず，自己裁量による業務の遂行とフレックスな就業時間となりつつあるが，設備的には長時間点灯する照明設備状況となった。このような背景で，ベース照明においては，明るさでは調光が必須条件となりはじめ，グレア対策も大きな要件となった。なお，照度だけではさまざまに利用されるコーナーに対してワーカーへの欲求とストレスの解決にはな

第4章　オフィス・住宅用照明器具（ベースライト，ダウンライト，電球型，蛍光ランプ型）

らず，近年の志向として色温度と照度の整合によって，これを解決しようという機運が出てきた（本章1.6参照）。

1.4 新しい照明推奨照度について

2010年にIESの基準をベースに，JISの照明推奨照度が改定された。これは従来の空間・用途／作業別の推奨照度に，演色性（この場合Ra：平均演色評価数）やグレアインデックスが新たな指標が加わった。

なお，この推奨照度の数値は推奨している照度の幅の中央値が数字として表示され，過去の1979年版の照度の幅を踏襲している。なお，90年代以降オフィスではここで推奨している数値750Lxが最低値として取り扱われ，ベース照明の照度設定値を上げてしまってきた。そこで震災後，「節電」を緊急対策として訴えかける際に上記の中央値であり，1ランク，2ランク下回っても推奨の幅の中にある事を建築学会，照明学会などから緊急提言として発表された。これらの体験からも不動産・建設業界でもベース照明の照度を下げる機運にある。その設定数値は前述の通り，500〜300Lx。

1.5 LEDによるオフィス照明の適合性

上記の項で述べてきた内容で，省エネのためベース照明を抑え，TALなどの照明手法で部分の明るさの確保し拡散型の光の照射で，長時間点灯や自然採光との調光バランス制御システムとの連動などオフィス照明への要件は広がりだしてきている。

これらの要件とLED照明の長所を照らし合わせると，大変多くの合致点がみられ，LED照明の普及には大きな期待が寄せられている。

かいつまんでみると，

・ベース照明照度を抑える…従来光源蛍光ランプ100〜110Lx/wに対し，LEDは今のところ80 lm/wクラスと劣勢ではあるがオフィスベース照度の設定を低める機運から，その目的照度に適合できる。
・TAL照明手法 ……………デスクワークの照明としては，小型・薄型・軽量の特徴が活かせ，かつW数がアップし，必要照度がとれるようになった。
・長時間点灯………………もっとも長所となるポイントで，長寿命の4万時間点灯。
・調光制御…………………デジタル制御のため，調光やセンサーからの信号をいけて制御しやすい。
・拡散光……………………LEDチップや基板の上に，ある程度距離を離してプラスチックディフューザーを設けることにより，LED特有の指向性の強い光を拡散光に変化できる。

など，長所を利用することができるようになってきた。

さらに光源の構成要素として，「点」「線」「面」の発光を従来光源と同様に作り出せるようになっ

たので，器具のデザインの自由度も広がった。

　また，ワークプレイスのベース照明としては，従来型の矩形の天井埋め込み器具が主流で，LED器具にもそれを受け継いでいるものも多いが，片や，共用部やカスタマーズエリアやリラクゼーションエリアではダウンライトが多く使用され，ここでもLEDによるダウンライトも活用が期待できる。LEDチップを集合させ，レンズを装着した器具では，チップ一つ一つからの照射がきつく，壁面や立体物への照射の際には，複数の壁が出現してしまうマルチシャドウ現象を引き起こし，視覚的に煩わしいダウンライトがある。これに対し，チップの集合体の上に大きな蛍光体を乗せた（シングル・コア）LEDモジュール搭載のダウンライトがあり，マルチシャドウは引き起こしにくく，加えてこのモジュールは演色性も高く，Ra95以上のものも発売され，ハロゲンランプによるダウンライトとなんら遜色のない光効果を作り出せることができ，その有効性が注目される。

　また，この蛍光体によってチップそれぞれの色温度ムラも解消され，多数配置するオフィス空間では違和感がない。

　色温度の設定では3,000K，4,000Kが主流であるが，さらに2,700Kなどの低色温度や5,000～5,500Kなどの高色温度などの単色温度モジュール開発が可能となっている。

1.6　LEDのデジタル制御の長所を生かした調光調色技術

　照度と色温度の相関で空間性能を視覚化，快適化することが望ましく，色温度が低ければ，低い照度での快適域があり，高色温度では高い照度での快適域がある（図5）。

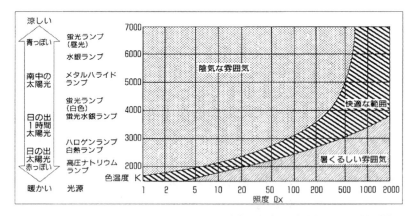

[図] 高色温度系の光を照度レベルの低い場所（200ルクス以下）に使用すると、寒々しく、薄暗い感じが強まってくる。反対に、低色温度系の光を約1000ルクス以上の場所に使用すると、暑苦しい感じになる。

図5　照度・色温度と部屋の雰囲気
（A. H. Willoughby：1974研究）

第4章　オフィス・住宅用照明器具（ベースライト，ダウンライト，電球型，蛍光ランプ型）

　この快適域に合致し，1つの器具で低色温度～高色温度を調色することがLEDならではのデジタル制御によって可変できるものが開発されだしてきている。
　従来光源では複数の色温度の異なる光源を搭載しなくてはならなかったが，LEDの場合，3in1チップの利用や高・低色温度のチップを基板に交互に並べ2回路制御で調光するなど小型化でき，単一光源で調光調色することができるようになった。これは従来光源では成しえなかった点で，一部屋で場面に合わせた色温度と照度が選び出すことができ，空間用途にあわせる様々なシーンを生み出すことができる。
　たとえば，会議室やプレゼンテーションルームで明るくかつ高色温度で活発な討論を交わしたり，明るさを抑え低色温度でプレゼンテーターや画像に落ち着いて耳を傾けるなど利用者に最適な視環境を提供することができる。
　また，ワークプレイスやエントランスホール・レセプションエリアなどでは数多くの同一器具に個々制御のためのアドレスを持たせ，照度や色温度も変化させることができ，ワーカーのユニット単位で照度や色温度が選べ，作業効率を上げることも可能となり，書類作業の多い経理部門は4,200K，500Lxで作業性を高めたり，企画業務部門では3,500～3,000K，200～300Lxにしてナレッジワークの集中力を高めたり，あるコーナーでは接客のために2,700K，150Lxに下げて，喫茶・会話でくつろいだりするなど，1フロアのオフィススペースでも調色によるコーナー作りが可能となる。
　これら機能軸とは別に，ワーカー側が自ら照度と色温度を選択できることは，自主性がうまれることと，オフィスの環境に対しての不平・不満が減少する効果が見込め，少ないながらもワーキング・ストレスの低減となる。
　さらに，これらの調光システムは現状，PWM，DMX，位相制御の3種類でビル施設では制御されるが，LED照明器具も現在は「有線」で器具間，コントローラー・器具間をデジタル制御操作で調光されているが，通信系技術がデジタルと融合しやすいメリットを生かし，WiFiなどの「無線」方式で点滅は無論，調光，調色制御が可能となってきた（機種によれば，いわゆるスマートフォンで操作が可能となる）。

1.7　まとめ：オフィス用LED照明器具の求められる条件
　前述の各項で述べてきたLED器具の性能・仕様求められるポイントを以下にまとめる。
　・照度
　2010版JIS照明基準総則から　ワークプレイス（執務エリア）の「事務室」では机上面照度750Lx，さらに平均演色評価数Ra80，不快グレアの制限値UGRL19と規定されている。照度の既定の場合，750Lxという数値は中央値で表現されており，1段階ずつ上下の幅で1,000～500Lxを得られるように幅を持っている。照明学会では，省エネ対策として750Lx確保のために，TAL照明方式利用でベース照明500Lx，ライトで250Lxの加算を事例として上げている。
　したがって，LED照明でも机上面照度最低限500Lxが得られることが望まれ，オフィスビル

の天井が高くなる傾向の中,最低限 2m 直下で 500Lx 確保となると器具光束はおよそ 4,000lm 以上確保されることが望まれ,器具として 60 lm/w 以上の効率を望まれる。

また,タスクライトでは調光機能を持った器具も望まれるが,100%点灯時,灯具直下(400mm 距離)で,およそ 500Lx は確保されたい。

・演色性

前述の照明基準総則から,ワークプレイス(執務エリア)では平均演色評価数 Ra80。なお,ワークプレイスでは人間主体の空間として肌の色が的確に表出されることや事務作業の上でも彩色評価にブレがないほど,演色性は高いほうが良く,この 80 という数値はあくまで最低値と理解すべきである。

近年の LED チップの演色性の向上により,高効率 LED 照明器具でも Ra80 を上回るものが存在してきており,一般化しだしてきている。

・グレアカット

PC 作業者の視界を意識し,最低でもカットオフアングル 30°は確保したい。

・拡散性の確保

直視すると LED チップの輝度はきついため,器具としてはその発光に拡散レンズ,スプレッドレンズ,ディフューザーなど直射成分の光を和らげることが必要。また,ルーバーや拡散仕上げ・素材によるバッフルなどで,器具内面の輝度を抑える設計が必要で,照明計画の際には,器具の下面の見えや配光を意識して,器具選択する必要がある。

・壁面照射への配慮

ワーカーの視界を考慮して,柱面や壁面を照射することをすすめる。これは,視覚的な照度をあげて,輝度差をなくすためにウォールウォッシュ(壁面照明)手法を取る事がある。専用器具やスポットライト,アジャスタブルダウンライトで壁面をできるだけ均一に照射する。注意事項は,LED チップを集合させた光源の器具あると,個々の LED 照射ごとのからの光で,被照射物や壁面素材の細かな凹凸でも複数の影が重なる事がある。これをマルチシャドウと呼ぶが,前述のシングルコアの LED モジュールを使用した器具であると概ねこのような悪い効果は排除できる。

・調光対応

かなり長時間使用されるオフィスなので,自然採光を配慮した器具回路設計とセンサーによる調光システムがエコオフィスの指針となってきた。蛍光ランプ器具では下限 30%点灯でフリッカしてしまう器具もあったが,LED 器具でも同じように下限でもフリッカのない器具が望まれる。会議室でオーディオ・ビジュアルプレゼンテーションが当たり前の昨今,スムースな調光カーブと下限 1~100%までの制御可能な器具,ドライバー,コントローラーの複合的な制御システムと照明開発が早期に望まれる。

第4章　オフィス・住宅用照明器具（ベースライト，ダウンライト，電球型，蛍光ランプ型）

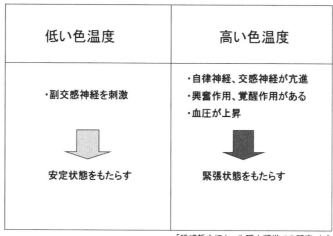

「勝浦哲夫ほか、生理人類学での研究」から

図6　色温度による心理効果

2　住宅用照明器具

2.1　住宅用照明の成り立ち

トーマス・エジソンが1879年白熱電球を発明して以来，人工照明は世界に普及した。国内においても東芝の母体となった一つの会社が1911年に発売開始（マツダ電球）し，住宅の中に白熱電球が入り始めた。当時，木造家屋では電源の供給として天井配線から1室1灯方式が取られ，その方式は今の世では希少とはいえ，その方式が残っている部屋も多い。

燃焼光源の一つである白熱電球は低色温度のため，図6にあるように視覚心理から落ちつきをもたらすため，住宅でも大いに役立ってきた。国内において，戦時中の灯火管制をすぎ，戦後を境に家庭でも蛍光ランプが浸透した。白く明るい光で，低電力である事が利点で，座敷にも使えるようにサークライン蛍光ランプを使用したペンダントも普及した。しかし，ここで大きく転換してしまったのは，住宅でも電球色から白色に色温度が変わってしまった。

80年代からは，蛍光ランプの光色も増え，三波長型蛍光ランプも発売・普及し，住宅でも電球を使用した器具と合わせ，室内の性格・機能に合わせの光源と光源色を選ぶ時代となり始めた。80年代後期には家庭でも調光を使って，明るさをコントロールするようになり始め，現在ではプリセットコントロール，リモートコントロールも普及している。

2.2　白熱ランプとLED電球

白熱電球，特に普通電球と呼ばれるランプ（A型ランプ）が省エネ対策として，メーカーではその生産を中止してきたが，経過を遡ると2008年4月経済産業大臣からの要請で電球生産業界に対し，2012年末までに製造中止を指令した。これは当時全世界的な機運で欧米諸国もハロ

LED 照明のアプリケーションと技術

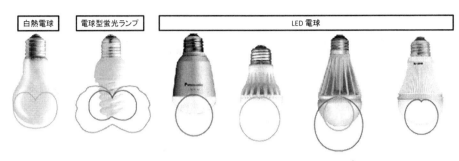

図7 各種ランプの配光曲線比較
(ヤマギワ・TL 研究所著作)

ゲン電球を除き，白熱電球の生産中止に向かった。国内では，真っ先に東芝が同時期に 2010 年度末までに製造を中止することを発表，業界全体に大きく舵を切った。

さて，以降省エネのため，メーカーでは電球型蛍光ランプに生産軸を移すに合わせ，LED 電球の開発・製造に拍車がかかった。2009 年以降，LED 電球の発売が続いているが，LED チップの高効率化により，形状・lm 数・配光などのスペックは日進月歩で，新商品の発売が続いている。

そもそもの成り立ちが異なる電球と LED なので，まったく電球と同じ配光は現在では出来上がっていないが，かなり広い配光となり，卑近な状態となった商品ができている。

図 7 に示すように現状普及している LED 電球を電球型蛍光ランプ，白熱電球と配光比較すると，ソケットを上にした場合，下方に光度が多いのが特徴である。

LED 電球内部は，口金に近い部分の場所に電源部があり，そこは光らない。LED チップを水平以外に向きを四方に向けたり，反射面をつけたりして配光制御をおこなって，バルブ面の処理により，従来の電球に近い拡散光をつくる。心地よい輝度を持たせるクリア電球の LED 版は各社苦慮しているのが現状で，レンズ・プリズムを装着したり，フィラメントイメージの位置に LED チップを並べたりと創意工夫が見受けられるが，白熱ランプの Lm 数と 360°に近い配光には難しく，LED 電球ならではの特徴をいかした商品開発を要する。

また，調光対応の LED 電球は今のところ，各社ともに 1～2 器種と少なく，調光可能な下限値もまだ 30％といった領域なので，今後の技術開発が待たれる。

2.3 ダウンライトと LED 電球

LED 電球を利用して，なかでも省エネ，節電を図るのに成果が表れるのがダウンライトに搭載することである。図 7 でお分かりのように下向きの光度が多いことは，少ない W 数でも効率よく下方を照らすことができることを示し，配光曲線の比較でもお分かりのように，電球型蛍光ランプよりも明るく照らし出せる。

なお，各社は，できるだけ旧来の電球の外形に近づけてはいるものの，口金付近の形状が大き

第4章　オフィス・住宅用照明器具（ベースライト，ダウンライト，電球型，蛍光ランプ型）

いものが多く，既存ダウンライト器具のソケット付近の反射鏡やバッフルの部品のサイズや接近度合いによっては，ソケットにランプは入りにくく，放熱に不適合の場合もある。

　ダウンライトでもスポット光を出す，ユニバーサル，アジャスタブルダウンライトではミラー付ハロゲンランプ形状に近いLED電球も普及しているが，中心光度の数値はまだ肩を並べるまでには至っていない。現状，ハロゲンランプのW数のワンランク下の明るさとして理解し，照明計画することが得策である。

2.4　シーリングライト・ペンダントとLED電球

　住宅用照明器具の中では，機種も多く，使用も多いものではシーリングライト，ペンダントが挙げられる。意匠的にも室内の雰囲気を作り上げる要素も大きい。従来，シーリングライトでは蛍光ランプの使用が多く，丸型，角型がある。部屋中央部の天井に設置され，引っかけシーリングなどの給電設備に接続され，拡散型の照明効果が主であるため，周囲に集光型のダウンライトが配され，拡散＋集光の加算や場合分けで高照度を確保し，数種のシーンを作り出す，リビング，ダイニングでは近年多くなっている。

　さて，白熱電球でのシーリングライトは，シャンデリア的な要素をもった器具から半間接照明効果のある器具もあり，調光対応の設置がリビング・ダイニングでは多い。

　この器具のLED電球を差し替えでは，基本的に配光が広いLED電球を利用しないと，拡散素材のカバーを透過する光がまんべんなく回らず，ソケット付近やランプの半分だけの発光がカバー越しに見えてしまい，暗がり部分を作ってしまう（写真3）。

　E26ベースのLED電球では配光角が広いものが発売されているが，E17ベースのミニクリプトン電球型のLED電球では，配光角が広いものは少なく，注意を要する。

　ペンダントでは，ダイニングテーブルに設置される場合が多く，器具が大型で電球が複数の器具，または小型で1灯に1個の電球の器具を複数使用することがある。これらの器具のLED電

写真3　ガラスカバーでの点灯状況
白熱電球（左）の拡散光に対し，LED電球（右）では，ソケット部上部の影が出るが直下方向は照度が高い。

球を差し替える際には，光効果としては前述の通り，ランプの配光角を検討する必要があるが，金属シェードなどの器具の周りを遮光している場合は，下方への配光に留意し，テーブル面への照射範囲と利用者へのグレアカットの検討を要し，器具の吊高さに配慮しなければならない。また，昨今，話題の地震・振動対策もあり，ランプが複数点灯の器具の場合では，従来の白熱電球よりLED電球は重量が重いので，吊りコードの加重も配慮しなくてはならない。

新規にLED電球搭載のペンダントの設計の場合も同じく，吊りコードの引っ張り強度と脱落防止策は重要課題となる。

2.5 屋外照明とLED

戸建住宅や集合住宅・マンションでは夜間時の安全歩行と防犯に屋外照明は大いに役立つ。

一般に床面に必要とする照度は室内ほど必要としないが，夕方から朝方までの長時間点となるので，長寿命な光源とメンテナンスが容易，あるいはメンテナンス回数が少ないことが望まれ，LED光源利用に対しては大いに期待される。

少電力，高出力，小型，長寿命などなどその利点は，枚挙のいとまがない。

さらに，虫が好む紫外線領域のスペクトルは発光されないLEDであるので，虫が集まりにくい点も大きな利点である。

2.6 住宅用LED照明器具

前述までは従来の器具と光源との区分けで，LED電球に差し替えや利用器具を述べてきたが，これと相対するのがLED基板やLEDモジュールを器具に一体とし，高W・高出力型，照射領域を設定しレンズ効果によって照度アップさせるなどの工夫を施したLED器具がある。

住宅用照明器具では，シーリングライトなどの器具が一例としてあげられ，電子部品を利用し，デジタル制御をおこない，多機能性を謳う器具が多い。

それらは，
- 調光／調色制御タイプ…リモコン操作で明るさの調節に加え，色温度の可変も備えたもの
- 調光／色光制御タイプ…3 in1のカラーLEDチップを搭載，または個別のRGBカラーLEDに白色ないしは黄色LEDを加え，4色調光によって，フルカラーレンジの光が制御され，擬似的に色温度を調節できるもの

など従来の舞台照明のようにシーンを展開できるような機能をコンパクトに1台の器具に集約させている。なお，蛍光ランプ器具とは現在光束値ではひけをととっており，照明計画する際には，器具光束値を踏まえ，使用する部屋面積，天井高を勘案し，ダウンライトやスタンドの付加的照明を配することも考慮に入れなければならない。

これらの器具では，まずLEDチップを多数使うため，その個々別の輝度を抑さえたディフューザー（器具ではカバーとなる）を設けるが，面発光の光効果を上げるため，チップからカバー面までの距離の検討が器具デザイン・設計の要件となる。また，チップごとの色ムラ（色度

第4章　オフィス・住宅用照明器具（ベースライト，ダウンライト，電球型，蛍光ランプ型）

のばらつき）の管理もポイントで，カバーは直接チップの色の差が映るスクリーンとなるため，許容するステップ（色度のばらつき範囲）を指定することが生産側には望まれる。

また，もっとも重要なのは，これら多機能になればなるほど，光源となるLED素子は40,000時間の寿命をもつが，その制御を司る電装品・電源部では負荷がかかるので，それら部品の寿命は素子より短いことが多く，部品モジュール化が重要な設計条件となる器具を取り付けた後，部品メンテナンスの容易な設計が，ユーザーフレンドリーとなる。

2.7　まとめ：住宅用LED照明器具の求められる条件

前述のオフィスでのLED照明の求められる条件とほぼ同じ状況であるが，安らぎを求められる環境である住環境では，基本的には視覚心理から，低照度で低色温度での空間が望まれ，人を中心とした生活の場であるので人の肌色や食物・料理などの色味がはっきりと見えるように平均演色評価数はRa80以上が必要。

明るさもさることながら，演色性を重視することをお勧めする。

生活の場でも，オフィスと同様に全体の照明と部分作業の照明が必要で，1室多灯の構成で立つ・座る・横になるなどの姿勢（頭の高さ）と合わせ，照明器具の高さが低く変化する心理効果がある。

この際，生活動作に必要な照明はその作業行為に合わせ，照射方向や集光・拡散の光の質を求められる。LED照明において器具の配光に留意し，作業に合わせた色温度設定の配慮が必要で，白熱ランプ・蛍光ランプ器具では取り付け後でも色温度の選択・変更ができるが，LED器具一体型では色温度ごとの型番設定となっているので，指定に注意が必要となる。

なお，色温度の表記や数値は同じであっても，各社使用するLEDチップの蛍光体の調合に差があるため，各社のLED器具を並べて，目視検査すると緑がっていたり，紫がかっていたり，色味が異なって見える。

住宅では個室が多いため，同一メーカーの器具，LED電球をすることにより，できるだけ色味のばらつきを防ぐことをお勧めする。

第5章　展示用照明

佐久間 茂*

1　概略

　一般的に美術館・博物館は過去からの文化財を収集整理し，それらの価値を社会対し公開する役割を担っている。美術館・博物館にて収蔵，展示されている文化財の多くは，製作されてから非常に長い時間を経過しているものが多く，その保存環境の維持には細心の注意が払われている。それらを保存し将来に引き継いでいく事だけが目的であれば照明に対する要求は小さいものとなる。

　しかし，それら文化財の価値を広く社会に知らしめ，その価値を認めてもらい，これら文化財を将来に残していくためには展示が必要となる。文化財の損傷を極力抑えつつ文化財の価値を鑑賞者に理解してもらうためには，展示照明の果たすべき役割は大きい。展示品となる文化財を照明する光は目に見えない成分（紫外線，赤外線）が除去されていることは当然であり，可視光成分のみであっても極力低い光量で十分な展示効果を持つ照明を行う必要がある。

　すなわち，展示用照明器具は，展示物に対して保存の観点からと，より正しく，きれいに見せる展示鑑賞の観点と2つの相反する要求に応える必要がある。

　本章では，この目的を達成するためのLEDを光源とした照明器具の特徴と，実際に展示用照明器具を制作する際の基本的な考え方について説明する。

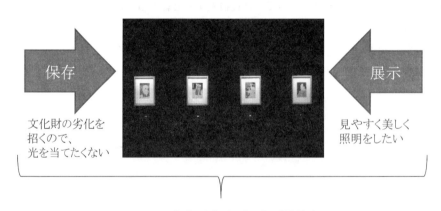

図1　展示照明への要求

＊　Shigeru Sakuma　㈱キテラス　代表取締役

第 5 章　展示用照明

1.1　展示用照明に必要な特性

1.1.1　光の波長について

　LED 以外の照明用の光源の多くは可視光域（波長 380～780nm）を中心としてそれよりも短波長側（紫外線），長波長側（赤外線）の成分を含んでいる。これらの紫外線や赤外線は人の目には見えないばかりでは無く，展示物に対して特に，紫外線はその対象の光学作用を与え，赤外線側は過熱による機械的な影響を与える。このため，ハロゲンランプや蛍光ランプなどの既存の光源を展示用照明の光源として用いる際には，これら可視光以外の成分を除去するフィルターなどを組み込むことが一般的である。

　一方，現在照明用光源として用いられる LED の多くは青色（波長 455nm 付近）を励起源とした蛍光体により作られた幅広い波長の光と，元々の青色成分の一部を組合わせた形で白色光を実現している。従って，光源から発光される光の成分はほぼ可視光成分に集中しており，これまでの光源で必要であった，紫外線や赤外線に対する考慮はほぼ必要無い。

　しかし，高レベルの演色性を確保するために用いられる近紫外線（波長 405nm 付近）を励起源とする蛍光体を用いるタイプの LED に関しては，この近紫外線の除去に対する対策は必要となる。

1.1.2　演色性について

　演色性とは，基準となる光である対象を見たときの物体色と，ある光を当てて同じものを見たときの物体色の違いを比べる指標である。基準となる光は，対象となる光と相関色温度が近似する黒体放射光か CIE 昼光と定められている。詳しくは本書別項の詳説を参照されたい。

　展示用照明に用いる光の平均演色評価数（Ra）は最低でも Ra90 以上であることが望まれる。その上で特殊演色評価数（赤色，肌色など R9～R15）においても，Ri90 以上の値であるような光源が望ましい。昨今の LED は，青色励起型，近紫外励起型いずれにおいても演色性の高い光源が開発されてきており，LED は展示照明に十分対応できる光源となって来ている。

　現在 CIE/JIS で定められている演色性評価の基準色は 15 種類である。展示照明に限らず，実際の照明現場においては，その色は無限であり，数値として示される演色評価数が必ずしも万能という訳では無い。展示対象によっては，鑑賞者の評価が演色評価数と逆転してしまう場合もある。演色評価数の定義に関しては，LED の登場と共に新たな見直しも検討されている。

　しかしながら，どの様な数値指標にも係わらず演色性が高いほどに，色の弁別性は高まる。この結果，より高い演色性を持つ照明光の場合，展示物上での照度を下げても，意図する照明効果を得られる場合多い。展示物保護の観点からも，高い演色性を持つ光源を選択することが重要である。

　また，展示対象が一定している展示照明に関しては，学芸員など専門家の意見を重視し，現状の演色評価数を参考的に扱い，鑑賞者の実際的な評価に重きをおいて光源を選定する場合もある。

1.1.3　色温度について

　照明光の色温度は展示物の見え方に大きな影響を与える。基本的には，展示品の特徴を考慮しつつ照明光の色温度を選択する。展示用光源としては多くの場合 2,900～4,000K の間の色温度が

選択されるケースが多い。

　LEDの場合には，これまでの光源に比べて色温度の選択範囲は広まり，展示設計の要求に応え易くなりつつある。

1.1.4　照度（調光）について

　展示物の材料や状態によって許させる照度は各々異なる。照度ガイドラインとしてはいくつかのものが掲げられている。JISや照明学会（現在は公式に示されてはいない），ICOM等で一定の基準を設けている（表1,2）。ただし，JISにて示されている照度基準（JIS Z9110）に関しては，今日美術館・博物館にて実際に運用されている基準とはやや異なるので，ここでの紹介は割愛する。

　LEDは他の光源に比べて，その光量のダイナミックレンジは広い。しかし，低光量時の特性

表1　照明学会　屋内照明基準（博物館・美術館）抜粋

	展示物種類	推奨照度 (lx)	光色	演色性
光に非常に敏感なもの	染色品，衣装，タピストリー，水彩画，日本画，素描，手写本，切手，印刷物，壁紙，染色した皮革品，真珠，自然史関係標本	○ 50	暖，中	Ra>90
光に比較的敏感なもの	油彩画，テンペラ画，フレスコ画，染色していない皮革品，角，骨，象牙，木製品，漆器	○ 150	暖，中	Ra>90
光に敏感で無いもの	金属，石，ガラス，宝石，エナメル	○ 500	暖，中，涼	Ra>90
ギャラリー全般		50	暖，中，涼	90>Ra>80
映像，光利用の展示物		10	暖，中，涼	90>Ra>80

備考1.「光に非常に敏感なもの」については年間積算照度を120,000（lx・h）以下，
　　　「光に比較的敏感なもの」については年間積算照度を360,000（lx・h）以下にする事が望ましい。
　　2. 表中の○印は，局部照明で得ても良い。
　　3. 光色の暖，中，涼の色温度は，暖が3300K以下，中が3300K～5300K，涼が5300K以上である。

（パナソニック：照明設計資料）

表2　美術館・博物館の展示物に対する各国の推奨照度基準

		ICOM（仏）(1977)	IES（英）(1970)	IES（米）(1987)
光放射に非常に鋭敏なもの	織物，衣装，水彩画，つづれ織，切手，写本，泥絵の具で描いたもの，壁紙，染色皮革など	50 lx 出来れば低い方がよい（色温度：約2900K）	50 lx	120000 lx・h/年
光放射に比較的敏感なもの	油絵，テンペラ絵，天然皮革，角，象牙，木製品，漆器など	150～180 lx（色温度：約4000K）	150 lx	180000 lx・h/年
光放射に敏感でないもの	金属，石，ガラス，陶磁器，ステンドグラス，宝石，琺瑯など	特に制限無し 但し，300 lxを超える照明を行う必要は殆どなし	―	200～500 lx

ICOM：International Council of Museum
IES（英）：Illuminating Engineering Society, London
IES（米）：Illuminating Engineering Society, New York

（パナソニック：照明設計資料）

第5章　展示用照明

に関しては，投入電力と人が感じる明るさとの間に正比例の関係は無く，低照度域の光量を調節するには，細かい階調を持って電力制御を行う必要がある。

1.2　展示用照明の種類について

　美術館・博物館の展示室全体の模式図を図2に示す。日本の多くの美術館・博物館では壁面に設置された比較的大きな容積を持つ壁付けケースが多く用いられている。西洋絵画など額装されている展示品は，開放空間の壁面に直接展示される例が多い。小型の展示品は四方から鑑賞することが可能な独立ケースを用いて展示される。

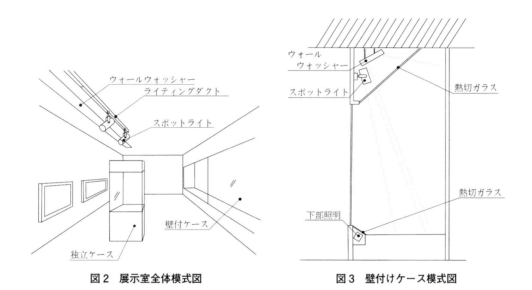

図2　展示室全体模式図　　　　　図3　壁付けケース模式図

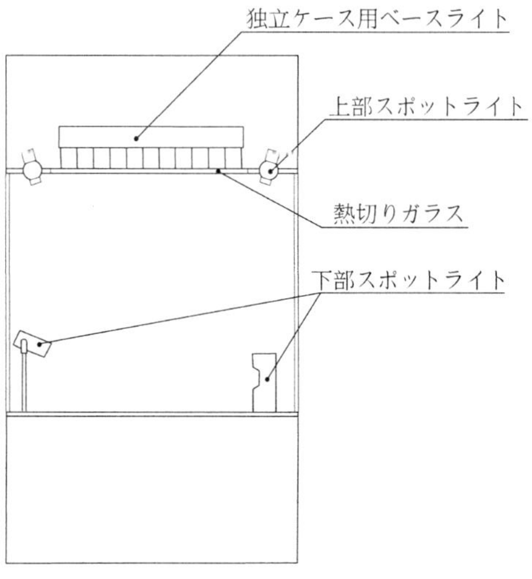

図4　独立ケース模式図

壁付けケースの断面模式図を図3に示す。壁付けケースに必ず装備されているのが壁付けケース内ウォールウォッシャーで，ケース内の展示壁面及び床面を照明するための照明器具である。また大型の展示ケースの場合には，様々な展示品に対応させるために，当該ウォールウォッシャーの近傍にスポットライトを設置出来る構造を持たせる例も多い。

独立ケースの断面模式図を図4に示す。一般的な独立ケースは，その上部に照明器具を納めるための場所が用意されている。この中に基本的には全般照明を行うための照明器具が設置される。更に機能を高めた独立ケースの場合には，その上部に小型のスポットライト，下部には床面に設置できるスポットライトを設置している例もある。

1.3 照明計画の注意点

展示照明は比較的低照度の環境となるため，鑑賞のために留意すべき点がいくつかある。その代表的なものを以下にあげる。

1.3.1 均斉度

展示物対象の中で照度差が大きすぎる場合には，人間の眼の構造上その照度の割には対象が見えにくくなる。対象範囲内の照度の最大値と最小値の比（均斉度）は一般的に0.75以上が1つの目安となる。

一方で，展示対象周辺は意図時に照度を低くし，展示物をその照度以上に明るく見せる様な工夫も多く見られる。

1.3.2 反射グレア

展示物を保護する額のガラスや展示ケースのガラスなど，鑑賞者と展示物の間には何らかの光を反射するものがある場合が多い。また，展示物の材質によってはその表面での正反射率が高いものもある。

このように照明器具からの光が強く反射し，鑑賞の妨げになるものを反射グレアと呼ぶ。

こうした反射グレアを避けるためには，基本的に，展示物と照明器具を図5のような位置関係で配置させることが推奨されている。

2 各種照明器具の構造とその特徴

照明器具を機能的に分けて考えると大きく4つの部分に分けて理解できる。

まずは照明する光そのものを生み出す**光源**，その光源を光らせるための**電源**，発生した光を制御する**光学部品**，そして，これら要素を所定の位置に保持するための**機構部品**に分けて考えることができる。

以下に各種照明器具ごとにその構造の特徴を説明する。

第5章　展示用照明

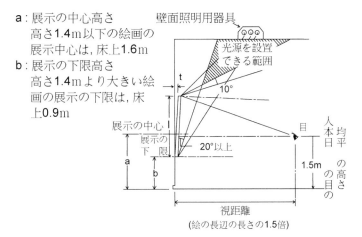

図5　光源位置関係

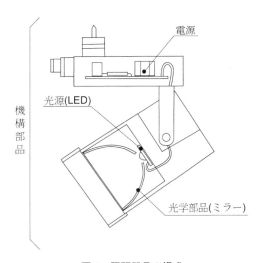

図6　照明器具の構成

2.1　空間照明
2.1.1　スポットライト

　電源，光源，光学部品が一体となっており，その取付位置が容易に変更出来る構造（ライティングダクト仕様）を持つ照明器具である。展示空間で最も用いられる形態の照明器具である。
　スポットライトが備えておくべき重要な点として以下の様な項目が挙げられる。

(1)　配光の正確さ

　意図したビームの開き角を数値として満足していることは当然だが，照射面での照度分布が重要となる。スポットライトの照射面上でその照度変化のスムーズさが求められる。照射面の中央

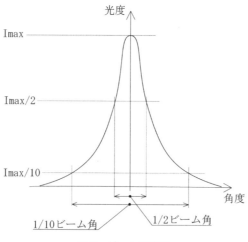

図7 ビーム角定義

から周辺部に行くに従い，照度が一定の度合いで落ちていく様な特性が望ましい。また，光学部品の端面などでの反射光が意図しない照度ムラを起こすことがある。このような光を出さない設計製作上の配慮が必要となる。

展示照明においては，照明分野で一般的に用いられる1/2ビーム角ばかりでは無く1/10ビーム角も重要な指標となる。

(2) **配光のバリエーション**

スポットライトは適用範囲が広く，ビームの開き角が狭いものから広いものまでいくつかの種類がある事が望ましい。展示用照明のスポットライトでは，展示物に併せてフレキシブルに配光を選ぶ必要があり，光学部品の交換などや追加を行うことにより配光の変更をできる形が多い。

(3) **操作性と堅牢性**

展示用照明では，光の照射方向と照度に関して大変微妙な調整が求められる。

照射方向の調整機構（パンとチルト）と調光操作に関しては，調整時のスムーズさと設定当初の位置を保持できる頑丈さが求められる。照射方向を調整した後にその位置を強固に維持出来るようなロック機構を別途設けている照明器具もある。

照度を調整する調光操作に関しては，理想的には，その光束が0～100％の範囲で調整できるものが望ましい。その上で低照度域での調光範囲が十分な階調を持つ事，つまり微妙な調光が可能である事が望まれる。

現在市場にあるLEDスポットライトの光源と光学部品の組みあわせには多く分けて多灯型と単灯型の2種類ある。

① **多灯型**

1つ当たりの光束量が150～200 lm程度のLEDとそれぞれのLEDに対応させたレンズ若しく

第 5 章 展示用照明

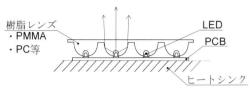

図 8　多灯型光学系

は反射鏡を複数個用いる構造である。

　一般的には PMMA 製の成形レンズを用いる構造が主流である。

◇長所
- LED 及び，レンズが多く市販されており，照明器具開発が容易。
- LED の数を増やすことにより，大出力の照明器具の開発が容易。
- LED の発光部分が小さく狭角配光が得やすい。
- 基板内に複数の LED があることから，熱源が分散しており，ヒートシンクの効率は上げやすい。

◆短所
- マルチシャドウ（照明対象の影が多重になる現象）が発生する（展示用照明としては不適切）。
- 光学系がレンズの場合，レンズ表面での器具グレアが発生する。特に広角配光のものに関しては，レンズ表面の面粗度を上げることや，フライレンズを形成する事により広角配光を実現しており，この部分で拡散発光が器具グレアとなる場合が多い。
- LED を実装するためには専用のプリント基板が必要となる。
- LED はプリント基板を介してヒートシンクと熱的に接続されており，ヒートシンクから LED 内部のジャンクションまでの熱抵抗は大きくなりやすい（＝ LED を冷やしにくい）。

② 単灯型

　LED モジュール 1 つ当たりの光束がおおよそ 500lm 以上となるような COB タイプの LED に，反射鏡を組み合わせたものが一般的である。一部では大型の PMMA 製樹脂レンズとの組み合わせもある。

◇長所
- マルチシャドウの発生がない（展示用照明としては適切）。
- 反射鏡の場合，器具グレアを小さくする事ができる。
- アルミ反射鏡の場合，比較的低コストにて金型の製作が可能であり，配光のバリエーションを得やすい。
- 多灯型で用いる様な LED と比べて，少ないロットにてもカスタム品を製造を引き受ける LED メーカーがあり，アプリケーションに合わせ込んだ光源が得やすい。
- 多くの COB モジュールはセラミック基板上に形成されており，そのセラミック基板上に

LED 照明のアプリケーションと技術

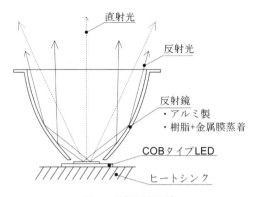

図9 単灯型光学系

給電用のハンダ接続端子がある。このことよりプリント基板の製作が不要。

◆短所
- COB 向けとして市販されている光学系パーツは比較的少なく，光学系から設計をしなければならない場合が多い
- LED 発光部の大きさと，反射鏡等光学系の大きさとの相互関係により，狭角配光の光が作りにくい。

2.1.2 カッターピンスポットライト

展示室内のサインや展示品脇のキャプションの照明や，照射面を矩形に切り取るような照明を行う際に用いられる照明器具。

一般的な内部の構成を図10に示す。

任意形状に調整したカッターで作られた開口形状をレンズを用い照射面に投影するものである。カッターで作られる開口形状が，光軸中心部から周辺部までと広いので，主に色収差[注1]と歪曲収差[注2]に対して考慮した光学設計が重要。

また，照射面内での照度の均斉度も考慮すべき点であり，こちらは主にLEDからの光をカッター面に集める，集光光学系の特性に依存する。

2.1.3 ウォールウォッシャー

展示用照明に用いるウォールウォッシャーの役割は，主に絵画が展示される壁面をその上部から下部まで，ある任意の照度分布を実現する事である。

一般的な構造を図11に示す。

多くのウォールウォッシャーではLED素子を直線状に並べ，そこからの光を反射板にて照射

注1) 色収差：照射面の端（カッターの端面の影）の部分で色が付く現象。
注2) 歪曲収差：カッターの端面が直線である場合，照射面での照射パターンは直線で区切られるが，この直線が湾曲する現象。

第 5 章　展示用照明

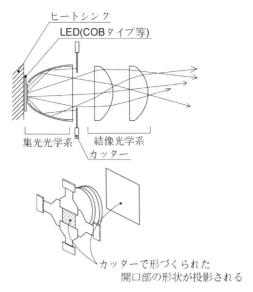

図 10　カッターピンスポット

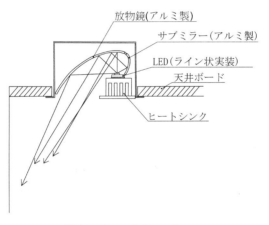

図 11　ウォールウォッシャー

方向と範囲を制御する形となっている。LED 素子が複数個あることから，照射面から光源までの距離を十分に取れない場合や，高出力の LED を用い，LED の間隔が広い場合には，マルチシャドウの発生がある。このマルチシャドウを避けるために，光路上のいずれかに乳半等の光拡散素子を組み込む事が一般的である。この光拡散素子の組込箇所には注意を要する。その組込箇所が不適切な場合には，照明器具近傍の壁面や天井面の照度を必要以上に上げてしまう場合がある。

　理想的な照度分布の例として，図 12 に示す様な分布が上げられる。ちなみにこの図は壁面と平行な方向から見た場合の鉛直面照度分布である。

　上部ほど相対的に照度を低く設定している理由は 2 点ある。

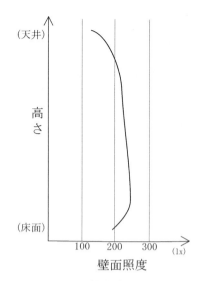

図12　壁面照度分布図

　まず1つは，照明器具－照射面－鑑賞者の位置関係により，鑑賞者から見て上部ほど，その輝度は高くなるために予め照度を落としておく必要がある。

　2つ目の理由は，鑑賞物の上部に相対的に輝度の高い箇所があると，人の目は本来の観察対象物に対する，明るさや色に対する感応度が低下してしまうためである。つまり照度の割には，暗く見えてしまう現象が起こる。

　建築用のウォールウォッシャーの場合は，天井面側での照度が増すことに対してそれほどの弊害は無いが，展示用照明の場合は弊害が多い。照明対象の壁面に絵画を展示するような場合においてはその展示物そのものの上部から下部までの照度分布を作れることが重要である。

　前述の通り，照明器具から離れる程の照度を上げていくような設計が望まれる場合が多く，この為には，配光の指向性と拡散度合いに対して積極的な光学的制御が必要となる。

2.2　ケース内照明
2.2.1　壁付けケース用ウォールウォッシャー

　基本的には前述の開放空間用のウォールウォッシャーと同様の配光が基本となる。その上で壁面のみならず床面に対しても均斉度の高い光を届けることが必要となる。

　壁面ケースのような大型展示ケースの場合には，上部のみならず下部にも照明を配置することは一般的である。この下部照明の役割としては大きく2つある。1つは上部照明のみではどうしても照度が低くなりがちな壁面下部への補助的に照明することと，もう1つは上部よりの照明光による壁面の展示物に発生する影を薄くすることである。この下部照明は，展示ケース構成上，必然的に小型化を求められる物である。

　上部照明器具は展示ケース内に別途設けられた，設置場所に据え付けられる。このため展示室

内に設置されるウォールウォッシャーに比べ，その構造や大きさに関しては自由度が高い。

LED を光源とする壁付けケース用ウォールウォッシャーの構造には大きく分けて 2 つの方式が見られる。

1 つは図 11 に示したような，ライン状に並べた LED からの光を一旦反射鏡に全て当てて，配光を作るタイプの器具である。多くの例では，1 つのケースに対して 1 ラインもしくは 2 ラインで構成する。

◇長所
- 大面積からの平行光が得やすい
- 反射鏡を大きくしやすく，器具効率を上げやすい。
- LED 裏側での空間が得やすく，熱設計に対する自由度が高い＝高出力 LED が採用しやすい。

◆短所
- 細かい配光制御が困難
- 設置後の運用の中で配光のバランスを変更する事が困難

もう 1 つは，ライン状に並べた LED からの光を反射鏡やレンズを用いて配光を作るユニットを配光の異なる幾種類か用意し，1 つの展示面に対して複数ラインの照明器具群を持って照明を行う方式である。

◇長所
- 複数ラインで構成した場合，調光操作によって配光バランスを変えるシステムの構築が容易。
- 照明器具の小型化がしやすい

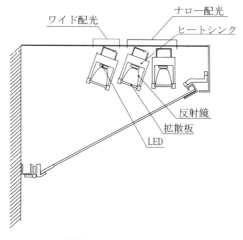

図 13　複数ラインウォールウォッシャー

- 複数ラインでの運用が前提なので，小出力の LED の採用が可能

◆短所
- 複数ラインが故のマルチシャドウの可能性がある。
- 設置時の調整が複雑になりがち

　いずれの方式においても，LED が一直線状に配置された基板を用いる事が一般的である。汎用性を高める照明においては，その LED を低色温度（3,000K 程度）のものと高色温度（5,000K 程度）のものを交互に並べ，それぞれの出力を調整する事により，任意の色温度の光を得られるシステムを構築することが出来る。

　また，通常の展示ケースでは，展示空間内の温度変化を抑えることを目的として，照明器具と展示空間の間には熱切りガラスがある。このガラス面からの光の戻りが，再度照明器具の反射面に当たり意図しない光が発生することがある。展示ケース設計側との綿密な情報交換並びに，実寸大モックアップ実験などが重要な設計プロセスとなる。

2.2.2　独立ケース用ベースライト

　独立ケース上面に組み込まれる照明器具で，展示面全体にむら無く照明をすることを目的とする照明器具である。重要な点としては，展示ケース外への光の漏れを極力抑えつつ，展示面全体での照度のバラツキを抑える点にある。これは鑑賞者自身に光が当たってしまいケースに映り込むのを防ぐための配慮である。

　基本的に構造を図 14 に示す。

　前述したとおり，照度のムラの少ない配光と必要面以外への光漏れを防ぐことを狙い，グレアレスルーバーなどの特徴的な光学制御部品が用いられる。また，ケースの中に表面がなめらかな展示物を置いた場合に照明器具の見えかかりがそのまま映り込むため，シンプルな表面形状が望ましい。

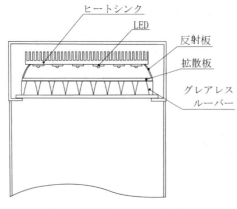

図14　独立ケースベースライト

第 5 章　展示用照明

2.2.3　上部スポットライト

独立展示ケースの上部から，展示物の中で強調したい部分に選択的に光を届けるための照明器具。独立展示ケース内に置かれる展示物にあわせて，光の方向とその照射範囲を任意にコントロールできる機構が必要となる。独立展示ケースではアイボールと呼ばれる構造を持つものが用いられる。配光の大きさをコントロールするためには，光学的なズームレンズなども用いられる。

現在製作されている展示ケースの多くは，展示ケース内の湿度や温度の変動を抑えることを目的として，空気の出入りを極力抑えたエアタイトケースとなっている。このようなケースの照明器具の操作は，展示ケース外から全て行える操作系を持つ事が大変重要となる。また，摺動部にOリングを組み込む等の空気漏れに対する配慮も必要である。

2.2.4　下部スポットライト

展示物に対し，下方，もしくは側方から光を当てる照明器具。

展示空間に入るために，その外観形状は作品鑑賞の邪魔とならない様に極力シンプルであることが求められる。独立ケースの場合，照明器具の正面側にも鑑賞者が来る場合があるので，必要な所以外への漏れ光（照明器具発光面でのグレアも含む）を極力抑えることが極めて重要である。また，展示ケース内での照明作業となるため，照明の調整に関しては工具を用いない事や，容易な操作性が要求される。

こうした下部スポットライトでは，発熱源となる LED が展示空間内に入ってしまうため，その採用と運用に関しては，慎重な検討が必要となる。

下部スポットライトとして用いられる，構成の例を図 16 に示す。

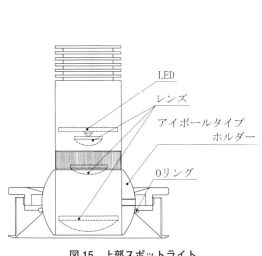

図 15　上部スポットライト

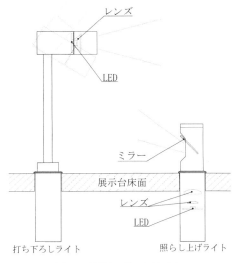

図 16　下部スポットライト

3　電源・制御

　当節では一般照明に求められる総論は省き，特に展示用照明に求められる特性についていくつかの注意点を記す．

3.1　電源について

　展示用照明の場合，調光無しで用いられるケースは非常に少なく，何らかの調光制御が可能な電源であることが求められる．この調光範囲は広範囲であればあるほど望ましく，照度比で5～100%の調光性能を確保出来ていることが最低条件となる．

　LEDへの給電に対してPWM変調を行い調光を行う場合が多い．そのPWM周波数が低い場合に低照度時にチラツキを感じてしまう場合が生じてしまう場合がある．PWM周波数は最低でも500Hz以上である事が必要となる．

　また，展示室内が静寂である場合が多いので，電源は基本的に自然空冷であることが望まれる．調光時に限らずトランスのうなり音などに関しても注意が必要となる．

3.2　調光方式について

　大規模な照明システムの場合，制御システムの施工性や経済性の都合上，DMX信号を用いるケースが多い．この場合電源内部においてはPWM制御を行っているので，注意点は前述の通り．

　独立ケースや，配線ダクトの場合には，位相制御型の電力制御を行う場合が多い．位相制御型調光の場合には，その調光器自身の特性と電源内部の構造や負荷容量との間にマッチング問題が生ずる場合があるので事前の確認検証作業が重要となる．

第6章　舞台照明機器

渋谷寛之[*]

はじめに

　舞台照明機器は光量や光質の異なる何種類もの照明器具からなり，設置場所や催し物によって使い分けられる。演目や舞台の規模により照明手法はさまざまであるが，使用される舞台照明機器は共通のものが多い。光源は空間の広さから，高容量のハロゲン電球を主に，タングステン白熱電球，キセノンランプやメタルハライドランプなどが使われている。

　近年LEDの高容量化と演色性が向上したことで，LED光源による舞台照明機器が開発されている。

1　舞台照明設備

　舞台の規模や形式は様々であり，商業劇場用からコンサートホール，歌舞伎や能舞台，多目的ホール，式場，学校の講堂や体育館などがある。ここでは，一般的な多目的ホールの断面図で照明器具の名称と役割を説明する（図1）。

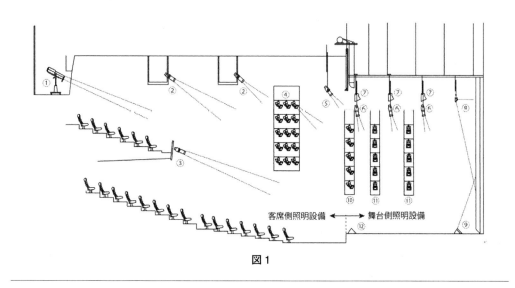

図1

---

*　Hiroyuki Shibuya　㈱オプラックス設計事務所　代表取締役

LED 照明のアプリケーションと技術

写真 1

写真 2

写真 3

写真 4

(1) **客席側照明設備**

① **フォロースポットライト（ピンルーム）（写真 1）**

客席最後部の上方。ピンスポットライトが設置。主に人物のフォローをする。

② **シーリングライト（写真 2）**

客席天井部にスポットライトが固定的に設置される。舞台正面上方から照明する。

③ **バルコニースポットライト（写真 4）**

客席の 2 階または 3 階の手すり付近に設置。舞台やや正面から照明する。

④ **フロントサイドライト（写真 3）**

客席の左右対称な壁面にスポットライトが固定的に設置。舞台上面を斜め方向から照明する。

第6章　舞台照明機器

写真5

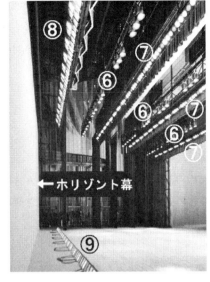

写真6

⑤　プロセニアムライト

　プロセニアムアーチ客席側の天井に設置。舞台前部分に上方から照明する。

(2)　**舞台側照明設備**

⑥　サスペンションライト（写真6）

　舞台中央の吊り物設備に設置。舞台の上部から照明する。

⑦　ボーダーライト（写真6）

　舞台間口ほどの長さで，舞台上部に数列設置。舞台上を均一に照明する。

⑧　アッパーホリゾントライト（写真6）

　ホリゾント幕から約2m離れた舞台上部に設置。

　ホリゾント幕を上方向から照明する。

⑨　ロアーホリゾントライト（写真6）

　ホリゾント幕から約1m～2m離れた舞台床面に設置。

　ホリゾント幕を下方向から照明する。

⑩　トーメンタースポットライト（写真5）

　舞台間口の左右裏側に設置。舞台前部分対して側前方から照明する。

⑪　タワーライト（ギャラリーライト）（写真5）

　舞台側面の左右に数対設置。舞台両側から舞台中間部分に斜め上から照明する。

⑫　フットライト

　舞台間口ほどの長さで，舞台前端部の床に設置。舞台前下方向から演技者へ照明する。

①～⑥は一般的にはスポットライトが使用されるが，設置される場所によって呼称が変わる。⑦ホーダーライト，⑧アッパーホリゾントライト，⑨ロアーホリゾントライト，⑫フットライトはフラッドライトに分類されるが，照明の目的に合わせた専用器具である。

2 照明機器

2.1 従来のフラッドライト

光源と反射鏡の組合せからなるレンズレスの照明器具で，広い範囲を均等（フラッド）に照明するための器具の総称である。フォーカスなどの光の拡がりを調整する機能がなく，ディフューザーなどの拡散板を用いて光質を変化させる。光のムラを少なくするためにフロスト球を使用する場合が多い。

2.2 ボーダーライト（写真7）

横一列の多灯からなる長さが約一間（1800mm）の器具で，舞台全体を上部から均等照明し地明かりをつくる。一般的に3～4回路に分けられ，それぞれの回路にカラーフィルターを装着し，色光別の点灯や，複数の回路を点灯し加法混色により照明する。フラッドで柔らかい光質を要求される。器具の出射角度は真下から30°上向き（図2）。吊り金具で出射角度を微調整する。

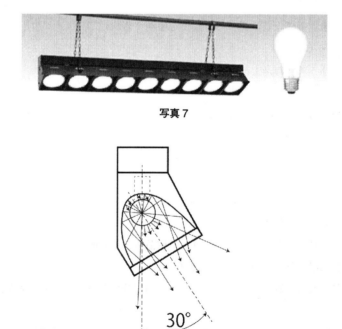

写真7

図2

第 6 章　舞台照明機器

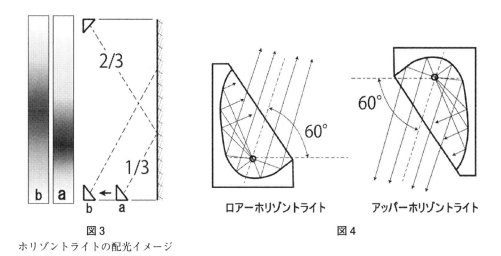

図3
ホリゾントライトの配光イメージ

図4

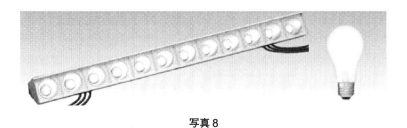

写真8

2.3　アッパー・ロアー　ホリゾントライト

アッパー（上側）とロアー（床側）からの色光の合成で，ホリゾント幕を染める器具。一般的に 3～4 回路，多くは 8 回路に分けられ，夫々の回路にカラーフィルターを装着し色光別の点灯や複数の回路を点灯し加法混色によりホリゾント幕を照明する。ホリゾント幕に対して上下両端から照明するため非対称なリフレクタを持ち，配光は縦方向の伸びと，横の拡がりが要求される。出射角度は約 60°で，配光調整は設置位置で調整する（図 3，4）。

2.4　フットライト

横一列の多灯からなる長さ約 1 間（1800mm）の器具で（写真 8），下からの照射で演技者の顔や衣装を明るくする。一般的に 3～4 回路に分けられ夫々の回路にカラーフィルターを装着し，色光別の点灯や加法混色により照明する。観客の視線の妨げとならないようにするため器具を低くする必要があり，舞台に溝を設ける場合もある（図 5）。出射角度は 30°の固定である（図 6）。

3　LED フラッドライトの考え方

従来のフラッドライトは照明の目的や設置場所に合わせた専用器具であった。LED を使用し

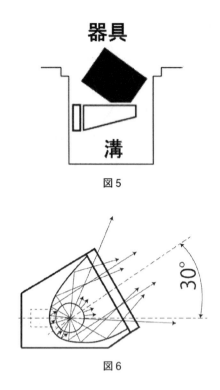

図 5

図 6

たフラッドライトでは，LEDレンズによる配光制御，カラーLEDによる多色化，器具サイズのバリエーションなど，LEDの特徴を活かした多彩な機能により専用器具に代わって幅広く使われている。

(1) ビーム角の配光制御

従来のフラッドライトでは，光の拡がりを調整する機能を持たなかったが，LED光源を使用した器具では，一般的に光利用効率を上げるためにレンズを持つので，レンズによる配光の制御が行えるようになった。写真9はレンズユニットを交換することで10°，25°，40°の配光角に設定できる。

10°や25°の狭角ではスポットライトの配光に近くなる。レンズユニットは取り外し自在のパネルにLEDレンズ（写真10）が複数個装着されたもので，実装されるLED光源に合わせた位置に固定される。

(2) 光軸の角度

専用設計のフラッドライトは設置場所により，決められた出射角度を持っていた。LEDフラッドライトの多くはチルト方向に角度調整ができる構造で，専用器具の出射角度をカバーできるようになっている。

(3) 器具の長さサイズ

LED器具の場合，一般的にLEDモジュール単位の組合せで器具が構成されているので，接続

第6章　舞台照明機器

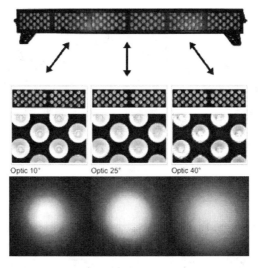

写真9

写真10

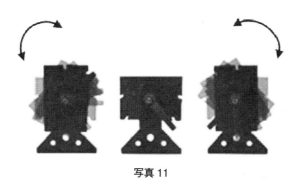

写真11

写真12

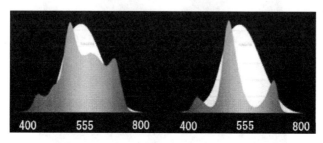

図7

されるモジュール数で長さのバリエーションが容易にできる。写真12はLEDモジュールの組合せによるバリエーションの例である。1モジュールの構成から6モジュールまで4つのバリエーションを構成されている。6モジュールでは専用器具とほぼ同じ長さの約1間となっている。

(4) マルチカラー

舞台の演出では色光は欠かせないため，LEDフラッドライトの多くは，カラーLEDを使用したマルチカラー器具が主流となっている。舞台の色光表現は幅が広く，一般的なRGB3色の組合せでの混色では色光表現が足りない場合がある。LEDは単一波長に効率良く発光するため補色のエネルギーが少ないからである。色光範囲を拡大するためにアンバーやイエローなどのLEDを付加し補う場合もある。中には7色のカラーLEDを実装する照明器具が商品化されている（図7）。更に，加法混色で白色が不自然である場合は，白色LEDを付加することも行われている。図8はRGB3色の混色では色光の再現が難しい，アンバー・イエロー系のカラーフィルター透過波長である。

このようにLEDフラッドライトは配光制御，照射方向の調整，器具長のバリエーション，マルチカラー化などによって，従来の専用器具に代わり使用される。

3.1 LEDボーダーライトの例

LED光源にCOB LEDを使用し，リフレクタを構成することで，従来のボーダーライトに近

第6章　舞台照明機器

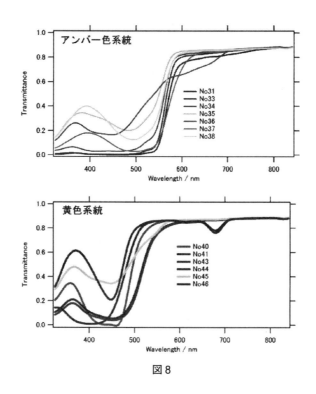

図8

写真13

い配光が得られる。写真13，図9は白色COB LEDにリフレクタを構成した例で，従来の白熱電球のボーダーライトにレトロフィットした器具である。従来の手法で照明ができる他，器具設備の置き換えが容易な利点がある。この場合，白色光源のため色光はカラーフィルターで行うが，フィルターは波長を選択し透過するものであり，その他の波長はフィルターで吸収や反射するので，器具効率が低くなる欠点がある。例えば濃い色のフィルターでは透過光率が10%以下のものが多い。また，従来のカラーフィルターは白熱灯の発光波長に合わせて色が作られているので，可視光の波長が不連続なLEDでは，色光が異なる。

3.1.1　COB LEDの配光制御

　COB LEDはパッケージタイプのLEDと比較し一般的に大きな発光面であるが，片面発光で指向性があるので，白熱電球よりも配光制御が容易である。写真14はCOB LEDリフレクタで

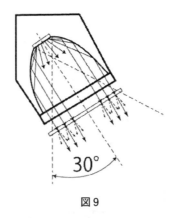

図9

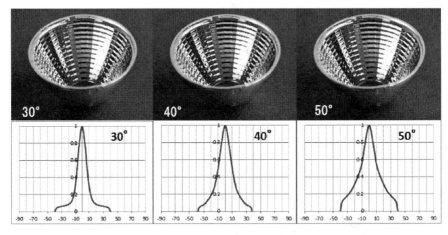

写真14

ある。このリフレクタの場合，外形サイズが同一で異なる配光角になっている。ファセットの反射角で配光角を制御する。使い方の例として，従来のボーダーライトでは配光制御ができないため，吊り高さに照明エリアが依存していたが，このリフレクタの場合，吊り高さに合わせた配光角が選択できる（図10）。

3.1.2 グレア制御

従来は白熱電球を使用していたので，グレアは特に問題にはならなかった。LEDの場合は既に承知のように，輝度の高さによる眩しさがある。特にボーダーライトの場合は演技者の目に入る位置から多灯点灯するので，グレア制御が重要である。方法の一つとして，ディフューザーなどの拡散板やLSDレンズ拡散板（写真15および第16章参照）を利用する方法がある。LSDの場合は，グレア制御の他，光を拡げる制御ができるので，リフレクタを狭角に設定しLSDで配光のバリエーションを得る方法も考えられる。

第 6 章　舞台照明機器

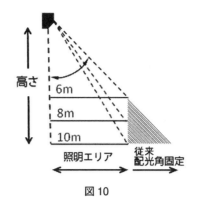

図 10

写真 15

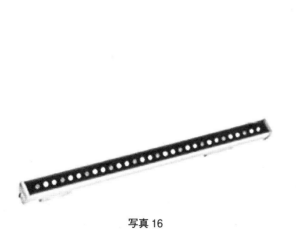

写真 16

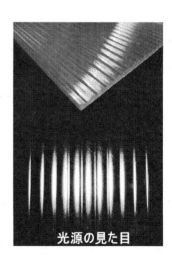

写真 17

3.2　LED フットライトの例

フットライトは器具を低くする必要があるので，光源が小さな LED は適しているといえる（写真 16）。フットライトは，舞台正面の床面から 30°のいわゆるグレアゾーンから演技者へ照射

LED 照明のアプリケーションと技術

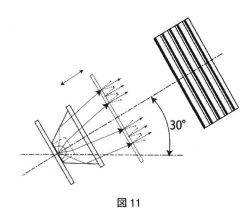

図 11

写真 18

するので,特にグレア制御が重要になる。しかし,低い器具の場合,出射面の開口が小さくなるので,グレアを緩和するための大きな拡散面を持つことができない。そこで一つの方法として,拡散材入りのスプレッドレンズを使う方法がある(写真17)。

見た目の光源のイメージが横方向へ分散しグレアを抑制することができる。また,スプレッドレンズは配光の縦横比を変えることができるので,フッドライトの照明範囲に合わせた,横拡がりで縦方向の光を抑える方向でセットすればよい(図11)。

3.3 LEDホリゾントライトの例

マルチカラータイプのLEDフラッドライトで代用されることが多い。

LEDフラッドライトの場合,配光が単一方向で指向角があるため,ホリゾント幕で光が混ざらず,スプリットする場合がある。拡散板で光を拡げて光の重なりを得る方法があるが,舞台におけるホリゾント幕は高いもので10mを超えるので,拡散が強くなると光の伸びが減少しホリゾントの染まりに影響する。解決する一つの方法としてLSDレンズ拡散板(写真18)や縦横比の異なるビームが得られる楕円配光のスプレッドレンズ(写真19)が有効である。いずれの方法もレンズユニットやオプションで対応が可能である。スプレッドレンズの楕円配光の組合せの例を図12に示す。

第6章　舞台照明機器

写真 19

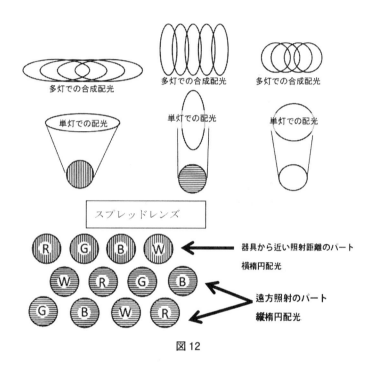

図 12

4　従来のスポットライト

　スポットライトは，光を光束として一方向に放射するために，光源から放射された光をレンズにより集光する機能を持っている。フラッドライトとの違いは光の拡がりを調整できることである。そのために舞台上のある部分に強い光を当てたり，舞台から距離のある客席側からの照射に用いる。レンズスポットライトには平凸レンズやフレネルレンズなどが使われている。

4.1　平凸スポットライト

　1枚の平凸レンズを用いた一般的な単レンズスポットライトで（写真20），照射面の輪郭（エッジ）が比較的はっきりとしたハードエッジな配光が得られる（写真21）。部分的な照明やフォロー用に使用される。光束の拡がりは光源とレンズとの距離を調整することで行う図13。光を拡げたときに照射面の中心部が暗くなる現象（中落ち）が起こるため，非球面レンズが一般的に使用

LED 照明のアプリケーションと技術

写真 20

写真 21

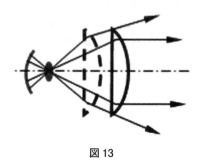

図 13

される。

4.2 フレネルレンズスポットライト

　フレネルレンズを用いたスポットライトである（写真 22, 図 14）。フレネルレンズは平凸レンズを同心円状に分割させて厚みを減らし軽量化したレンズで，分割した同心円状の光ムラが発生するため，レンズの裏面には，ハニカム状の面加工やシボなどを施しムラを軽減させる処理がしてある。そのため照射面の輪郭が少しぼやけたソフトエッジな配光になる（写真 23）。

第6章　舞台照明機器

写真 22

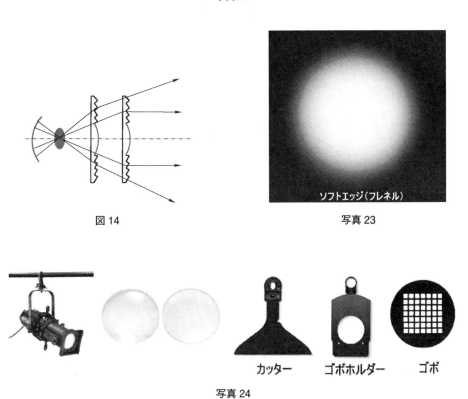

図 14　　　　　　　　　写真 23

写真 24

4.3　カッタースポットライト

　カッタースポットライトは結像レンズを用いたスポットライトで（写真 24），ピントを合わせることで，シャープなエッジの明かりが得られる（写真 25）。アパーチャーと呼ばれる結像位置（図 15）に，写真 24 に示すカッター（遮光板）や種板（ゴボ）を配置すれば，カッターで光をシャープにカットすることや，ゴボの図柄を投影できる。

4.4　パーライト

　PAR ライトは，電球と放物反射鏡とレンズが一体となった（Parabolic Aluminized Reflector）

LED 照明のアプリケーションと技術

写真 25

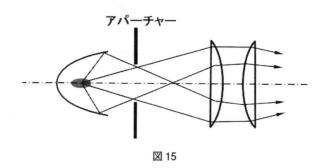

図 15

写真 26

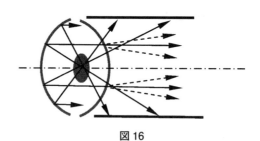

図 16

　シールドビーム球を利用した器具で，集光性が高くビーム効果に優れた明かりが得られる。器具はシールドビーム球が収まるようにした筒状の器具で，先端の長い筒が余分な光をカットしビーム効果を出す（写真 26，図 16）。パーライトはスポットライトに分類されるが，配光の調整機能はもっておらず，シールドビーム球のもつ配光角で光の拡がりを選択する（写真 27）。配光はフィラメント形状 CC8 が灯射された楕円配光となる。

第 6 章　舞台照明機器

  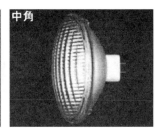

写真 27

写真 28

5　LED スポットライトの考え方

5.1　単レンズスポットライトの例

　単レンズスポットライトは，光源を像として照射するため，スポットライトの特徴である集光した明かりを得るには発光面積が密で，高い光束が得られる COB LED を使用するのが適している。単純には COB LED の出射方向に 1 枚のレンズを用いれば単レンズスポットライト効果を得られるが，レンズの焦点位置で LED のチップイメージが投影されたり（写真 28），COB LED から出射される指向角範囲の明かりをレンズで拾いきれず光利用効率が低下する。

5.1.1　光の取込みの例

　舞台で使用される一般的なレンズサイズは平凸レンズで，径 200mm 焦点距離 200～350mm・フレネルレンズでは，レンズ径 200 焦点距離 150mm 前後で，レンズ径に対して光源からの有効な取込み角は，焦点距離の長いもので約 30°短いもので約 65°になる。仮に図 17 の COB LED を用いた場合，指向角が 120°なので，LED から出射される明かりが全てレンズの径で拾いきれないことになる。また，指向角以上に散乱光も出ているので（写真 29），光利用効率を上げるためには散乱光も取り込む必要がある。

　写真 30，図 18 は平凸スポットライトで，取込み効率を上げるために，LED レンズを使用した例である。平凸レンズの場合，焦点位置で光源の像を比較的明瞭に投影するので，焦点となる LED レンズの先端はレンズやチップのイメージを消すためのハニカム状にした。しかし，ハニカム面による拡散光で投影面がニジミ，平凸スポットに求められるハードエッジが得られなかっ

LED 照明のアプリケーションと技術

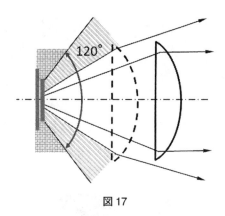

図 17

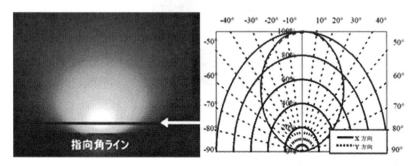

写真 29

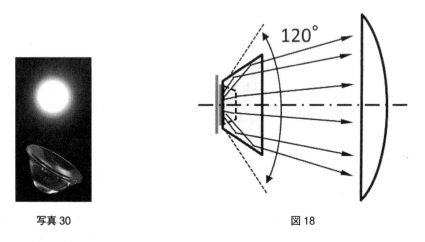

写真 30　　　　　　　　　　　　　図 18

た。写真 31, 図 19 は COB LED の直近に集光レンズを使用した例である。比較的ハッキリとした輪郭の投影面と，強いスポット光が得られた。写真 32, 図 20 はリフレクタを使った例である。平凸レンズとの組合せではリフレクタのファセットのパタンが投影されるので，ムラけし加工が施してあるフレネルレンズとの組合せが良好であった。結果を表 1 に示す。

第6章　舞台照明機器

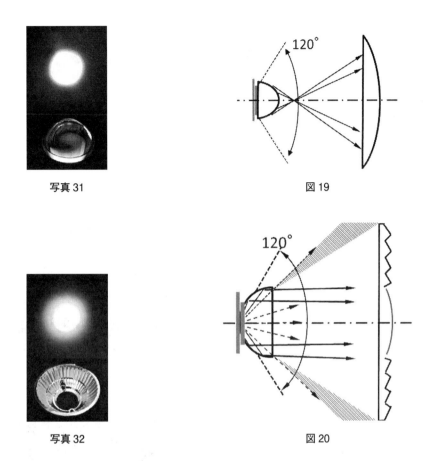

写真31　　　　　　　　　　　　図19

写真32　　　　　　　　　　　　図20

表1

集光方法	平凸スポットライト	フレネルスポットライト
LEDレンズ（ハニカム面）	×	○
集光レンズ	○	○
リフレクタ	×	○

5.1.2　単レンズ部材

　従来の単レンズスポットライトはハロゲン電球を使用していたため，レンズの材質は耐熱ガラスを採用していた。LED光源は放射熱が少ないので，樹脂レンズの検討も可能である。例えば，フレネルレンズを樹脂成型で製作した場合，ガラス成型より細かな分割ステップで成型することが可能であり，更にフレネルの先端をシャープにできるので，フレネルレンズの欠点であったリング状の配光ムラが少なくなる（写真33）。比較的ハードエッジな配光が得られるので，平凸レンズの変わりに使うことも考えられる。また，軽量化のメリットもある。同一のレンズ径と焦点距離のレンズで比較した例では，質量が約1/5になった（写真34）。

LED 照明のアプリケーションと技術

写真 33

写真 34

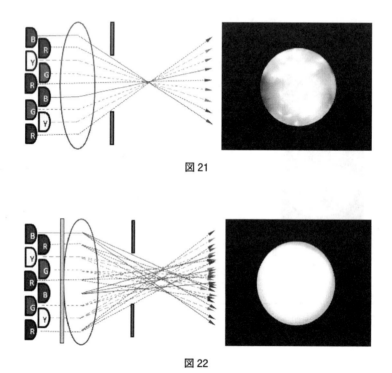

図 21

図 22

5.2　カッタースポットライトの例

　カッタースポットライトでは，LED 光源からの光線を集光レンズでアパーチャー径に合わせて集光させればよいので，LED パッケージを複数個配置して実装面積が拡大してもよい。注意すべき点は結像レンズでアパーチャー（焦点位置）がシャープに投影されるので，結像位置を通過する光線にムラがあれば，そのまま投影される点である。図 21 は LED パッケージの配列によるムラが出ている例である。図 22 はムラを解消するために LED パッケージと集光レンズの間に拡散板を入れた例である。また，集光レンズの前側に拡散板を入れた場合，光線がバラケ結像レンズに入射する光線が減り効率が低下するばかりか，ムラのある光が拡散板に写り込むので

第6章　舞台照明機器

交換レンズの例　　ディフューザーの例

写真 35

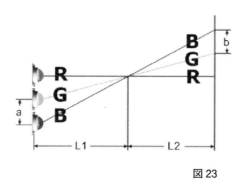

$b = (a \times L2)/L1$
$a = $ LED 取付ピッチ
$b = $ 色分離の距離
$L1 = $ LED から照射物の距離
$L2 = $ 照射物から照射面の距離

図 23

ムラが投影されてしまう。

5.3　LED パッケージを使ったスポットライトの例

　写真 35 は LED パッケージを円形状に固定配置したスポットライトで、パーライトの代用として使用されることが多いものである。LED フラッドライトと同じようにレンズユニットを交換することで、配光角の変更をしたり、ディフューザーで光質を制御する。また、この方式では、フルカラーLED を使うものと、多色のカラーLED を配置するものがある。

5.3.1　フルカラーLED とカラーLED の多色配置の違い

　LED パッケージを複数個配置した器具では、LED のそれぞれから出射される光に対して影を作りマルチチャドーを形成するのは既に承知だが、多色からなる単色カラーLED を複数配置した器具では、照射物に対して蹴られる色が個々に発生するので、影となる位置に色の分離が発生する。図 23 カラーシャドーまたはレインボーと呼ばれている（写真 36）。フルカラーLED を使用した場合、複数の LED が同時に色変化し、個々の LED が色光を持ちながら見た目に単色になるので、レインボーが発生せずマルチシャドーになる。また、コンサートなど照明を観客に向けた演出の場合、フルカラーLED をした器具は、見える色光が常にいずれかの単色なので、演出の表現や意図が分かり易い。一方、多色配置の場合、例えば、黄色光を表現すると G と R が点灯して見えるので、演出の意図と一致しないことがある。このようにカラー化では、視覚的な

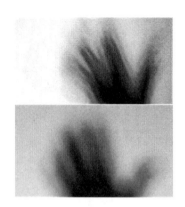

写真 36

写真 37

効果を重視するのか,多色配置で色光の再現性を重視するのかでLEDの選定が決まる。

5.3.2 フルカラーLEDレンズ

フルカラーLEDは数色のカラーLEDチップを1つのパッケージに配列したもので,各色の発光位置にずれがあり,光学系によっては照射面に配列の色ずれが生じる。

写真37はフルカラーLED用レンズである。レンズを高くし光路長を長くすることで,各色からの光線ずれをレンズ内でホモジナイズさせる。更に出射面の表面にシボやハニカムの凹凸面が施されてあり,照射面での混色を良好にするものである。

おわりに

舞台照明器具では,一般的な照明器具と違い,特に光の効果が重要になる。LED光源は従来光源とは異なる特徴や形状を持っているので,それらを活かし従来の方式にとらわれず,新たな光のアプリケーションを検討していきたい。

第 6 章　舞台照明機器

文　　献

1) 服部晃治 JLA 会報，舞台照明のはなし(2)，照明第 6 巻第 5 号，p28-29, 38
2) 舞台テレビジョン照明基礎編　XI 照明機器，p.133, 114-115
3) 丸茂電機㈱，製品カタログ・データシート　http://www.marumo.co.jp/log_in/mln/index.html
4) 東芝エルティーエンジニアリング㈱　http://www.lte.co.jp/art/catalogue/led/led_bl_2000.htm
5) パナソニック㈱　https://www2.panasonic.biz/es/lighting/control/choko/pdf/sta/SEL2010_063-064.pdf
6) シチズン電子株式会社 LED 仕様書 http://ce.citizen.co.jp/lighting_led/dl_data/datasheet/jp/
7) シチズン電子株式会社，製品情報　http://ce.citizen.co.jp/lighting_led/jp/products/index.html
8) CREE　http://www.cree.com　LED_Luminaire_Design_Guide.pdf
9) 株式会社剣プロダクションサービス，製品情報・カタログ http://www.kenpro-inc.com/product.html　selador_cat_jp.pdf
10) ワイブロン　米国　http://www.wybron.com/products/fixtures/cygnus/6510/index.html
11) LEADER LIGHT スロバキア　http://www.leaderlight.eu/　ll pro led wash z-power rgbaw vario optic.pdf, LL STAGE SPOT 16D COM RGBA.Pdf
12) スペクトル色々，ポリカラー透過波長　http://t.nomoto.org/spectra/000195.html
13) 筆者ホームページ　http://www.oplux.co.jp/
14) ㈱オプティカルソリューションズ　レンズ拡散板　http://www.osc-japan.com/solution/lsd
15) LED レンズ　SHENZEHN　BAIKNG　OPTICAL　http://www.baikang.cn

第7章　植物栽培用照明機器

秋間和広[*1]　宮坂裕司[*2]

1　植物と光

　自然界において，太陽から地球に届く放射を日射または，太陽放射といい，地表には紫外放射（250〜380nm）から可視放射（380〜760nm），赤外放射（760nm以上）の約300〜3,000nmの波長範囲が入射する。植物の反応には作用域300〜800nmの放射が利用されており（図1），光と植物の生育を論じる場合にはこの領域の放射量や光質に注目することが重要である。これらの波長域は，人の目が色として視認できる可視光域（380〜760nm）と類似しており，青色光（B：400〜500nm），緑色光（G：500〜600nm），赤色光（R：600〜700nm）と，それに紫外線（UV：300〜400nm），遠赤色光（FR：700〜800nm）を加えた5つの波長域を植物の生長に作用する波長域として分けることが多い。なお，一般的には700〜800nmの放射は近赤外線と呼ばれることもあるが，特に植物の光形態形成反応を誘導する波長域のため，赤外線（IR：800nm以上）と区別して遠赤色光を用いている。

　太陽光の分光スペクトル分布は，晴天日と曇天日では異なっており，日中の時間変化によっても変動している[1]。京都市内における8月のある晴天日を測定してみると，昼には朝夕と比較して光強度が高くなっている（図2）。波長域の割合は，朝方には青色光域の光の割合が多く，昼間，夕方へと次第に減少している。それとは逆に赤色光域の光の割合は，朝方から夕方にかけて次第に増加している。一方，緑色光域の光の割合は，時間変化にかかわらずほぼ一定であることがわ

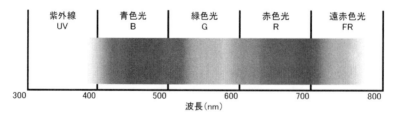

図1　植物の生長に作用する光の波長域

　＊1　Kazuhiro Akima　シーシーエス㈱　技術・研究開発部門　光技術研究所　光技術研究セクション　主席技師
　＊2　Yuji Miyasaka　シーシーエス㈱　新規事業部門　施設園芸グループ　施設園芸セクション

第7章　植物栽培用照明機器

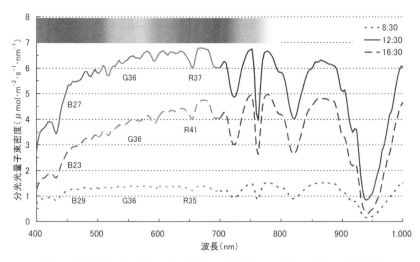

図2　京都市内における8月の晴天日の太陽光スペクトル分布の時間変化
　　図中の％は，400～700nmの波長域において，B：400～500nm，
　　G：500～600nm，R：600～700nmとして割合を算出した。

かる。このようなスペクトル分布の変動は，季節や緯度の変化によっても大きく起こり，光強度や波長の違いを生じさせている[2]。

　植物は太陽光（自然光）の下で生長するため，自然光による栽培が植物にとって最適な光条件と思われがちだが，分光スペクトルの違いにより光強度や光質は刻々と変化しており，植物にとって理想の光環境が常に維持されているわけではないことが容易に想像できる。

2　植物の光に対する反応

　それでは，植物にとって理想の光環境とはどのようなものなのであろうか。

　植物が生長・発達するために重要な環境要因の一つが光であり，植物にとっての光とは生きるためのエネルギーおよび環境シグナル（刺激）となっている。

　植物の光に対する反応の一つは光合成であり，葉面で光を受けて葉中の葉緑体（色素）で光エネルギーを吸収し，有機物を合成する反応である。もう一つは，光が照射された時間（日長）を感知して花芽を形成したり，光の波長の違い（光質）により刺激を受け，葉を広げたり茎を伸ばしたりする光形態形成である。光合成は，400～700nmの波長域の放射，いわゆる光合成有効放射（Photosynthetic Active Radiation：PAR）により行われる。量的反応であるため光の強度に依存しており，多くの植物における健全な生長には高い照射強度が必要とされ，強度が増すほど光合成は促進される。一方，光形態形成は，質的反応であるため光合成よりも低い照射強度で反応が起こることが多く，特定の波長域における光の割合や特定波長の光のみを照射することで反応が誘導されることを特徴とする。300～800nmの波長域の放射が光形態形成には作用しており，

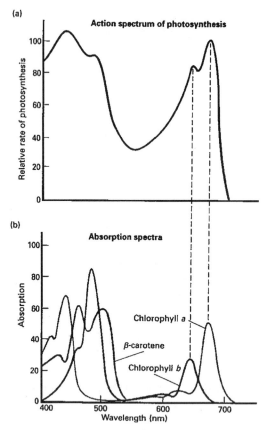

図3 植物の光合成作用スペクトル(a)：相対光合成速度（Relative rate of photosynthesis）
および，三つの光合成色素の吸収スペクトル(b)：吸収率（Absorption）
クロロフィル a（Chlorophyll a），クロロフィル b（Chlorophyll b），
β-カロテン（β-carotene）（Lodish et al. 1995)[3]

植物は太陽放射に含まれる250nmの紫外放射から3,000nmの赤外放射の一部を利用して生長している。

光合成に関連する色素の吸収スペクトルをみると，図3(b)のように赤色光域はクロロフィル a およびbにより，青色光域はクロロフィルおよびカロテノイドにより多くの光が吸収されている。ほとんどの高等植物は，クロロフィルbより2～3倍多くのクロロフィルaをもっている。しかし，緑色光域の光はほとんどが透過しており，クロロフィルが緑色に見えるのはそのためである。

光合成作用スペクトルをみると，青色光域と赤色光域にそれぞれ高い相対光合成速度のピークがある（図3(a)）。これは650nmの光合成速度のピークはクロロフィルbにより，680nmの光合成速度のピークはクロロフィルaにより光が吸収されるためであることが図3に示唆されており，相対光合成速度の作用スペクトルは，クロロフィルおよびβ-カロテンによる吸収スペクト

第7章　植物栽培用照明機器

ルに起因するものである。

　これらの植物における光の吸収特性を活かして，岡本らは青色光と赤色光のLEDを用いて植物の生長に対する影響を研究し，健全なレタス苗の育成ができることを明らかにしている[4]。吸収効率が高い波長域の光（青色光および赤色光）を照射することで，植物の光の利用効率を高めることが可能である。

3　植物の生長に関連する光の単位

　光合成光量子束密度と放射束密度の二つが，植物の生長に関する光の単位として主に用いられている。光合成光量子束密度（Photosynthetic Photon Flux Density：PPFD）は，単位時間，単位面積あたりの入射光量子数（mol）を表しており，単位は $\mu mol \cdot m^{-2} \cdot s^{-1}$ である。光合成における光化学反応量が光量子数に比例するため，光合成有効放射（400〜700nm）においてこの指標が用いられている。光形態形成反応において700nm以上の遠赤色光域の放射を含む場合には，波長の限定を外して光量子束密度（Photon Flux Density：PFD）として用いることもある。放射束密度（放射照度）は，単位時間，単位面積あたりの入射エネルギー量を表しており，単位は $W \cdot m^{-2}$ である。日射量も放射束密度である。紫外線や遠赤色光は光合成反応に作用する放射ではないため，光合成有効放射だけではなく，これらの波長域を含む放射量を測定する際に用いられている。

4　植物栽培用照明の種類と特徴

　施設園芸における植物栽培では開花調節の目的や，曇天時および冬季などの日照不足の際の太陽光の補光として，植物工場など人工環境下では栽培光源として，様々な照明が利用されている。それぞれの光源の波長特性について，図4に分光スペクトルを比較した。

　白熱電球は，長波長側に多くの分布があり遠赤色光をかなり含むため，キクの花芽分化抑制効果が高く電照栽培に利用されてきた。タングステンのフィラメントに通電し，加熱による熱放射によって発光させるため，ほとんどが熱放射となり発光効率は数十％（8〜20 lm/W）と低い。

　蛍光ランプ（昼白色）は，青色光，緑色光，赤色光を主成分とし緑色光が若干多いが，すべての波長域の光を含むため植物栽培に大きな問題を生じることが少なく，植物工場にも多く使用されている。内部壁面に蛍光体を塗布したガラス管内に水銀蒸気が封入されており，管内で紫外放射を発生させて蛍光体により可視光に変換発光させるため，発光効率は20％（60〜100 lm/W）程度である。蛍光体の種類により種々の分光分布を得ることができ，植物栽培に適した（クロロフィルの分光吸収特性に合わせた）青色光と赤色光を主成分とする植物育成蛍光ランプもある。

　高圧ナトリウムランプは，管内に封入したナトリウム蒸気中の放電により発光される効率のよいランプで発光効率が30％（150 lm/W）と高いため，温室での補光を含めて植物工場用の照明

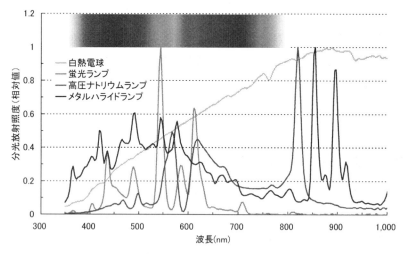

図4　各種光源の分光スペクトル分布

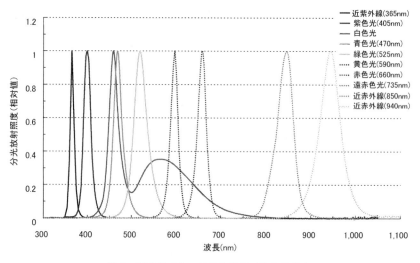

図5　発光ダイオードの分光スペクトル分布

としても使用されている。分光スペクトルが黄色光から赤色光域に多く，光合成に必要な青色光が少ない。熱線を多く発生するため，植物との距離を取る必要があり多段栽培には不向きであるが，出力あたりのコストが安いため，太陽光利用型植物工場の補光光源として使用されている。

メタルハライドランプは，太陽光利用型植物工場やファイトトロン（人工気象器）では単独で使用されるが，赤色光が少なく植物の伸長生長を抑制する傾向があるため，完全閉鎖型植物工場では高圧ナトリウムランプと組み合わせて使用されている。水銀蒸気中の放電により発光される水銀ランプに金属ハロゲン化物（ナトリウム，タリウム，インジウムなど）を添加して効率と演

色性を高めたランプであるが,高圧ナトリウムランプと比較して寿命と発光効率が低い(85〜120 lm/W)。

一方,発光ダイオード(LED)は,半導体の材料により発光色が異なり紫外放射から可視放射,赤外放射までそれぞれを単一発光(放射)できる(図5)。単色光を組み合わせて,植物に照射する光を光合成や光形態形成の作用スペクトルに一致させることで,光の吸収効率を高めることが可能である。白色光LEDは,発光効率が比較的高く(70〜100 lm/W以上)一般照明用としても広く普及し始めているが,青色の発光素子に黄色の蛍光体(YAG)を組み合わせて白色化しているため,光合成に有効な赤色光をほとんど含んでいない。白色光LEDに赤色光LEDを組み合わせることで植物栽培に適した照明となり,かつ人が作業可能な色の光環境を作り出すことが可能である。また,LEDは様々なピーク波長の光を組み合わせることが可能なため,目的に応じて各種LEDを選択することにより紫外線から可視光,赤外線までの波長を自由に混合照射することができるのも特長である。

5　植物の生長に及ぼす光質の影響

光質の影響をみるために,光合成に必要な赤色光と青色光のLEDを用いてリーフレタスの栽培実験を行った。赤色光と青色光の割合を変化させて,PPFDは同等として生長および形態変化を比較した。青色光割合が増加すると生長が抑制され生体重が低下した(図6)。大きさについても青色光割合の増加により茎長および葉長が短くなり全体的にコンパクトなサイズとなった。青色光10%(赤色光90%)のときに最も生体重が増加し,葉が大きく生長が促進された。

同様な結果が大嶋らにより示されており,赤色光(660nm)に対する青色光(450nm)割合が

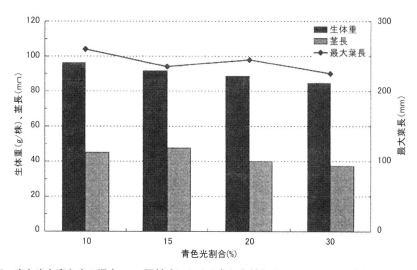

図6　赤色光と青色光の混合LED照射時における青色光割合がリーフレタスの生長に及ぼす影響

多いほど生体重は減少し，青色光割合が10％以下のときに最大となっている[5]。一方，育苗段階では青色光LED単独照射はサニーレタス苗の生長を抑制したが，その後の栽培段階において生長促進となり増収効果につながることが示されており[6]，リーフレタスの生長には特に青色光の影響が強く，育苗または栽培段階により生長に最適な青色光割合が異なると考えられる。

次に，光質の違いによる形態形成への影響をみるためにLED照明を用いて，レッドリーフレタスの生長および葉の赤色着色に対する影響を調査した。赤色光と青色光LEDを混合したもの，赤色光と白色光LEDを混合したもの，および赤色光と白色光LEDを混合したものの設置本数を半分にしたものを用いて，Hf蛍光灯と比較して栽培を行った。使用したLED照明は，32形Hf蛍光灯の代替を想定したライン型の照明で，Hf蛍光灯は植物工場などにおいても利用されている32形の高出力タイプを用いた。

その結果，生体重はHf蛍光灯と比較してLEDでは明らかに増加しており，赤色光と青色光LEDおよび赤色光と白色光LEDには大きな差はなかったが，赤色光と白色光LEDの設置本数半分ではそれらよりも生体重の増加効果は低下した（図7）。葉の赤色着色をみると，やや濃くなった着色発生率は赤色光と青色光LED，赤色光と白色光LEDで約60％と大差はなかったが，全体的に濃くなった着色発生率は，Hf蛍光灯では70％以上であったのに対してLEDでは40％以下と低かった（図8）。また，赤色光と白色光LEDの設置本数半分では，一部が淡く着色したものがほとんどであった。

赤色光と青色光の割合がレッドリーフレタスのアントシアニンの生合成および蓄積に密接に関係していることが明らかにされている[7]。レッドリーフレタスの抗酸化成分（クロロフィル，アントシアニン，アスコルビン酸）含量は，青色光割合が多いほど増加することが示されている[5]。

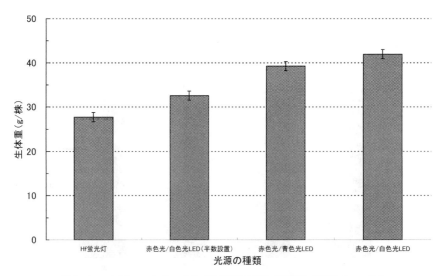

図7　レッドリーフレタスの生長に及ぼす光源の種類の影響（n = 27）
図中の垂線は標準誤差を示す。

第7章 植物栽培用照明機器

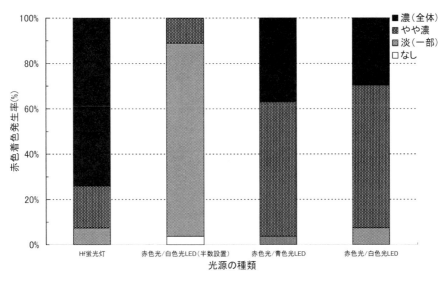

図8 レッドリーフレタスにおける葉の赤色着色に及ぼす光源の種類の影響 (n = 27)

また，庄子らは可視光域にピーク波長を持つ10種のLEDを用いて，サニーレタスの生長と含有成分の変化に関して実験を行っており，光合成活性の高い赤色光だけでなく，青緑色光でもPPFDを$300\mu mol\cdot m^{-2}\cdot s^{-1}$に設定すれば，蛍光灯と同等以上の生育が可能であること，抗酸化物質である総ポリフェノール量は青色光照射で高い蓄積量を示し，光強度を高めるほど蓄積量が増すことを明らかにしている[8]。本実験における照明の設置本数が少ない場合，生長は十分に行える光強度であったが，赤色着色を誘導する刺激としては青色光の強度が低く，そのためにやや濃い着色にとどまったものと思われる。また，UV-Bおよび青色光の夜間補光によりサニーレタスの着色が促進されており[9]，Hf蛍光灯に少なからず含まれる紫外線が，レッドリーフレタスの濃い着色を誘導したものと予想される。

植物に含まれる含有成分は照射された光に対して抵抗することで生成される抗酸化物質が多いと考えられる。活性酸素の除去に効果のあるポリフェノール系の成分やハーブなどの製油成分は，照射波長の違いにより増加する可能性が多いに期待される。

6 LED照明の電力消費

太陽光で植物を栽培する際には基本的に光源に対する電気代は必要ないが，人工光源を用いて栽培する場合には照明に対する設置コストおよび消費電力コストを考える必要がある。実際の植物工場において，前述の実験に使用したHf蛍光灯代替LED照明について，赤色光と青色光LEDおよび，赤色光と白色光LEDを同じ本数，同じ間隔で設置した場合の植物定植面でのPPFDの比較を行ったところ，表1のように赤色光と青色光LEDの方が，Hf蛍光灯よりも若干

表1 植物栽培用照明とした場合における Hf 蛍光灯と LED の光学特性がリーフレタスの生長に及ぼす影響
（　　）内の数値は，対 Hf 蛍光灯比を示す．

光源の種類	PPFD (μmol・m^{-2}・s^{-1})	光量子変換効率 (PPFD/W)	生体重 (g/株)	生長効率 (mg/PPFD)
Hf 蛍光灯	232	1.24	50.9	219
赤色光/青色光 LED	241 (104%)	1.81 (146%)	62.5 (123%)	259 (118%)
赤色光/白色光 LED	223 (96%)	1.91 (154%)	62.8 (123%)	282 (129%)

高く，植物栽培用照明として十分な光出力を有していた．この光出力を得るための消費電力（W）でそれぞれの PPFD を除し，光量子変換効率を比較したところ，赤色光と青色光 LED および，赤色光と白色光 LED は Hf 蛍光灯よりもおよそ1.5倍効率の高い照明であることが明らかとなった．また，単位 PPFD あたりのリーフレタスの生長量（収量）を求めると LED では Hf 蛍光灯よりも 1.2～1.3 倍の生長効率があることが示された．

完全閉鎖型や太陽光利用型の植物工場においては，蛍光灯や高圧ナトリウムランプを光源として用いることが多いが，最近では電力コストの問題から消費電力の少ない光源を用いた栽培が注目され始め，LED に対する代替要望や一部を LED にした植物工場が増えつつある．LED は他の光源に比べて発光面への熱放射が少なく植物体への近接照射が可能であり，照射した光エネルギーの多くを植物に吸収させることが期待できるため，照射エネルギーを減らすことでさらに消費電力を抑えることが可能であると考えられる．

おわりに

家庭，オフィスなどの一般照明として LED が利用され，需要が増加したことで LED の価格が低下し，高輝度化が図られてきた．LED の出力が一昔前と比較して格段に高まったことで，LED 照明による植物栽培は現実的なレベルまで達してきており，生長効果を高める波長の選択で蛍光灯よりも確実に生長促進させることが可能である．光環境制御の目的としては，同一エネルギーで最大の生長を得ること，省エネルギーで生長させること，食品としての付加価値のある成分量を高めることなどがあげられる．いずれの点においても LED 照明を利用すれば特徴を活かした使い方が大いに期待できる．植物の種類，目的に応じた照射波長を選択し，その植物に適した人工光源の組み合わせが閉鎖環境下において効率よく植物を栽培する際の重要な要因になることを記憶していただきたい．

今後，照明用途における LED の利用は様々な分野においてますます広がっていくものと思われ，農業分野においても利用されることは間違いない．LED の特長のひとつである単色光特性を生かした利用法が最も有効であると考えられることから，光合成における吸収効率の高い光を

第 7 章　植物栽培用照明機器

選択して照射することにより光の利用効率を高め，生育段階に応じた光の波長に対する植物の要求条件を満たすことで LED が植物栽培用光源として地位を確立するのもそう遠くはないと思われる。

文　　献

1) 石井征亜，山崎敬亮，生物環境調節，**40**（2），207-213（2002）
2) 石井征亜，山崎敬亮，大場和彦，長谷川利拡，比屋根真一，田中逸夫，生物環境調節，**42**（2），147-154（2004）
3) Lodish, H., Baltomore, D., Berk, A., Zipursky, S.L., Matsudaira, P. and Darnell, J., Photosynthesis, Molecular Cell Biology, 3rd edn, pp.779-808, Scientific American Books, New York（1995）
4) K. Okamoto, T. Yanagi and S. Takita, Acta Horticulture, **440**, 111-116（1996）
5) 大嶋泰平，雨木若慶，大橋敬子，渡邊博之，日本生物環境工学会 2011 年札幌大会講演要旨，294-295（2011）
6) 庄子和博，淨閑正史，後藤文之，橋田慎之介，吉原利一，電力中央研究所報告，**V10032**（2011）
7) 庄子和博，後藤英司，橋田慎之介，後藤文之，吉原利一，植物環境工学，**22**（2），107-113（2010）
8) 庄子和博，北崎一義，淨閑正史，橋田慎之介，後藤文之，吉原利一，日本生物環境工学会 2011 年札幌大会講演要旨，152-153（2011）
9) 海老澤聖宗，庄子和博，加藤美恵子，下村講一郎，後藤文之，吉原利一，植物環境工学，**20**（3），158-164（2008）

第8章　検査機器・画像処理用照明機器

増村茂樹[*]

はじめに

　一般に，照明を使用する工程は，視覚情報をベースに構成されており，これを人間が直接見て評価するか，画像情報をコンピュータが解析してその解析結果をもとに機械が動作するか，大きく2つに分類することができる。前者は，ヒューマンビジョン（human vision）すなわち人間の視覚機能による検査で，一般に官能検査によるものである。後者は，マシンビジョン（machine vision）すなわち画像処理（image processing）によって画像データを加工して所望の解析結果を得ようとするものである。

　この2つは，照明を使用するという観点では同じように見えるが，実は，全く似て非なるものである。光を放射するので照明という呼称を使ってはいるが，前者は「物体を明るく照らす」ための照明であり，後者は光物性（photo physics）をベースにして「物体の特徴情報を抽出する」ための照明である。簡単にいうと，前者は「明るくする」照明であり，後者は「明らかにする」照明[1]であるということができる。マシンビジョン画像処理システムにおける照明光学系を総称して，マシンビジョンライティングと呼ぶ[2,3]。

　本章では，マシンビジョン画像処理用途向け照明，すなわちマシンビジョンライティングの概要と，LED照明の適合性について概説する。

1　背景と現状

　光学（optics）の分野では，これまで，第一に人間の視覚の為の「明かり」に関する探求と，第二に光そのものに対する物理的な探求がなされてきた。第一の探求分野は応用工学または光工学と呼ばれ，いわゆる照明に関するものは照明工学と呼ばれる分野で，古くから独自の学会活動がなされている。第二の探求分野は純粋科学としての光学であって，光の物理的な性質として光と物体との相互作用やさまざまな光学現象を解析する光科学（photo science）または光物理（photo physics）と呼ばれるいくつかの分野に分かれており，更に実世界への応用にあたっては，光通信やレーザー応用などをはじめ，実にあらゆる分野にその専門的な研究分野が広がっている。

　人間の視覚機能を利用するものは，一部，顕微鏡等のように人間が裸眼では見えないものを補

---

　[*]　Shigeki Masumura　シーシーエス㈱　技術・研究開発部門　主幹技師

第8章　検査機器・画像処理用照明機器

うための光学機器を使用することがあるが，これらの機器は，最終的には人間がその映像を見るために設計されているといってよい。これに関しては，これまでさまざまな文献や書籍等で解説されている。

一方，マシンビジョンライティングは，これまでの分野のいわば中間部分にまたがった分野である。マシンビジョンとはその名のとおり機械の視覚という意味である。そして，その視覚機能を実現するためのハードウェア構成は，おおよそ人間の各器官と同様であるといってよい。すなわち，眼球に相当するレンズ等の結像光学系と光センサを備えたカメラ，及びそのカメラで撮像した映像情報を転送する手段とその解析手段を提供するコンピュータ等である。しかし，それぞれの果たす役割が，実際には大きく異なっており，照明の果たす役割は既に述べたように，単に物体を明るく照らすことではない。マシンビジョンにおける照明は，構築しようとするシステム毎に，その役割に沿った最適化設計過程が必要になる。つまり，その最適化設計過程そのものがマシンビジョンシステムおける照明系の付加価値過程であり，「何を，どのように見るか」ということを決めている。「何を，どのように見るか」ということは，ヒューマンビジョンにおいてはその大部分が精神世界で行われていることであり，したがってそれが体系的に明らかにされたことはなく，文献等も極めて少ない分野である。

マシンビジョン画像処理システムにおける照明に関しては，章末の文献一覧において，その適用事例[4~10]をはじめ，照明系を設計する上での照明光学の基礎事項や光源の特性等をまとめた文献[11~15]等があるが，それぞれのシステムに特化された照明系，ないしは物体を明るく照らすという観点でその基礎事項などが紹介されており，実際にマシンビジョンシステムの照明系において，その最適化設計に適用できる体系的な方法論や知見は極めて少ない。

マシンビジョン画像処理システムの設計現場では，所望の特徴情報を抽出するために，光と物体との相互作用である光物性をベースとした，照明系の詳細な最適化設計が望まれている。個々のマシンビジョン画像処理システムにおいて照明系の最適化を図るためには，光物性の考え方を基軸とした照明技術を適用する。この技術は，巻末の文献一覧の文献[1, 16]において詳述されており，その内容を構成している基礎事項は，2011年6月にマシンビジョン市場における世界標準[注]に認証された。

2　マシンビジョンライティングの機能要件

マシンビジョン画像処理システムは機械で人間の視覚機能を模倣し，更にその高機能・高性能

注) この規格は日本のJIIAが提案した世界初の照明規格[1]で，2011年5月にオランダのアムステルダムで開催されたEMVA Business Conferenceの会期中，併催の国際規格会議（G3-Meeting）において，AIA，EMVA，JIIAのG3-Agreementに基づくグローバル・スタンダード，世界規格への採択審議がなされ，同年6月に全会一致で成立した。本規格書は，JIIAのホームページ（http://www.jiia.org/）から，自由にダウンロードすることができる。

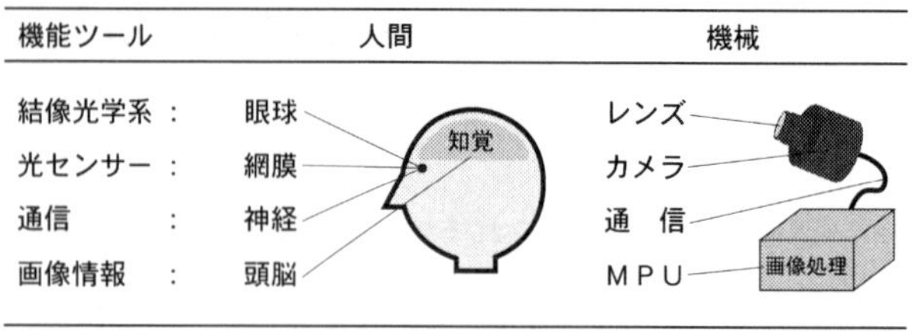

LED 照明のアプリケーションと技術

機能ツール	人間	機械
結像光学系：	眼球	レンズ
光センサー：	網膜	カメラ
通信：	神経	通信
画像情報：	頭脳	MPU

(a) 道具としての視覚機能要素

機能動作	人間		機械
何を見たいか：	意志	情報抽出：	ライティングシステム
何が見えたか：	認識	情報解析：	カメラ・画像処理
どう考えるか：	判断	プログラム：	判定論理・フィードバック
どうするか：	行動	動作制御：	モーションコントロール

(b) 動作としての視覚機能要素

図1　視覚機能の構成要素とその機能分類[17]

化を目指すのが目的である。図1[17]に視覚機能の構成要素とその機能分類を示す。

　視覚機能を構成するハードウェアツールとしての構成は，図1に示したごとく，人間と機械で見かけ上大きな差異は無い。むしろ，機械の方はその性能において，人間を遥かに凌ぐこともできる。しかしながら，視覚機能の作用を構成している機能要素を考えると，人間の場合は非常にレベルが高く，どれも機械で簡単に実現することは難しい。

　言い換えると，ハードウェア部分は，人間の肉体機能を含め，3次元世界における光の変化を光の明暗として映像情報に変換する役割を担っているといえる。人間の方は，その後，脳を介してその情報を理解し判別する高度な精神活動を備えているが，機械の方にはそれがない。マシンビジョンでは，取得した画像情報を入力信号として，それからあとの，その画像を理解し判別するための論理動作をあらかじめ作り付けておく必要がある。そのために，ハードウェアツールとしての機能動作が，必然的に人間のそれとは異なったものにならざるを得ないのである。

　つまり，形の上では，照明で明るくなった物体映像をレンズとカメラで捉えて，それをコンピュータで解析して理解し判別しているように見えるかもしれないが，実際にはそうではなく，極論するとマシンビジョンでは，画像を取得する段階でその結果の恐らくは80％以上が決まってしまうのである。すなわち，すべての入力画像がその判別結果に対応づけられており，そのためには入力する画像の濃淡パターンを最少化し，必要な情報のS/Nを十分に上げておく必要があるということを示している。

　マシンビジョンライティングの特異性は特徴情報の抽出にあり，その特徴情報は結像光学系によって光の濃淡情報に変換され，更に撮像系によって画像の濃淡に変換された後に画像情報として画像処理系によって解析される。

第8章　検査機器・画像処理用照明機器

図2　ビジョンシステムの機能要素[19]
マシンビジョンにおける各機能要素は，映像を単に取得する
システムと比べて，それぞれの役割が大きく異なっている。

　画像処理系には，一般にコンピュータが使用され，あらかじめどのように動作するかがプログラミングされていなければならない。したがって，そのコンピュータに入力される画像情報は，プログラミングされた処理内容の想定範囲内の濃淡パターンであることが要求されるわけである[18]。

　図2[19]にマシンビジョンシステムの機能要素とその役割を示した。マシンビジョンシステムでは，照明をはじめ，結像光学系や撮像系などの役割が，単に映像を取得するシステムとは本質的に異なっている。すなわち，取得した画像を解析し，そのシステムで定義された動作ができるように，照明系，結像光学系，撮像系において，所望の特徴情報を抽出し，これをさらに最適化して画像情報に変換しなければならない。

　これは，マシンビジョンライティングが単に物体を明るく照らす照明ではなく，システム毎に固有の特徴情報を抽出する役割を担っていることに起因している。

2.1　視覚機能構築の課題とアプローチ

　人間においては，高度な精神活動が物体理解に深く関わっている[20]が，マシンビジョンシステムにおいては，カメラを介して得られた画像情報を判断し，理解する主体が存在していない。画像理解における問題は様々に提起されている[21]が，その問題の半分は，画像情報が2次元情報であることに起因し，後の半分は，視覚機能の大部分が人間の精神世界で行われているということに起因する[22]。

　図3[21]にマシンビジョンが本質的に持っている課題と次元との関係を示す。提示されている5つの課題を2つのカテゴリーに分けると，第1群は，2次元の画像情報から3次元物体を推定する際に本質的に発生する問題であり，第2群は，画像理解や物体認識の方法論に関する問題である。

　物体の存在を，上位次元からの射影に対応させると，その射影関係は1対1であって矛盾なく説明することができる。一方，画像理解を，2次元から3次元，3次元から精神世界への射影関

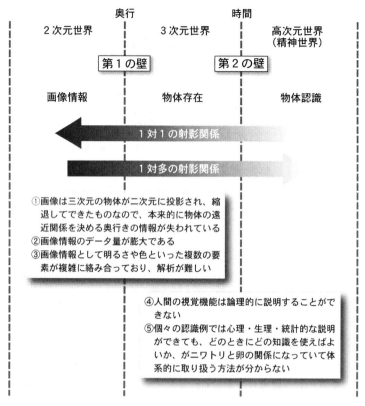

図3 マシンビジョンの課題と次元の壁の関係[21]
※図中の課題項目は，金出武雄先生の文献[21]から引用させていただいた。

係に対応させると，それぞれの課題の本質は，下位次元から上位次元への射影が1対多の関係になるということと対応していることが分かる。

すなわち，第1群の課題は，単に明るく照らされただけの画像情報では，3次元から2次元への1対1の無条件の射影により，様々な3次元的な変化が，2次元における画像の濃淡情報に変換されてしまい，逆にその画像情報を元に，2次元から3次元への射影を試みると，「奥行き」という第1の壁によって，1対多の射影にならざるを得ず，そのような画像では元の3次元情報に対応させることが極めて難しくなる，ということなのである。

更に，第2群の課題も同様に射影関係に対応させて考えると，3次元存在を理解し判別するためには，着目する物体の特徴情報がその物体認識と1対1の関係で射影可能なように，システムそのものに一定の条件を課さざるをえない。これが，限界サンプルの設定であり，識別のための条件の設定でもある。

以上を踏まえた上で選ぶべき画像理解へのアプローチは，「どんな条件の元に，どのような画像情報を取得すれば，画像理解への1対1の射影関係を構築できるか」ということであり，その入力信号となる画像情報に，着目する特徴情報がどれほどのS/Nで含まれているかということ

第8章 検査機器・画像処理用照明機器

は非常に重要であり，もしその S/N が確保できない場合は，それがシステム全体の誤動作に直結することになる。

2.2 マシンビジョンにおける照明系の役割

人間は，3次元世界における物理量の変化を，眼及び神経等の生理的な過程を経て映像情報として精神世界に入力している。その情報は，様々な知識や経験を用いて評価されるが，その評価尺度は知性，理性，感性，悟性といった高度な心理量であって，それらを物理量で表現することは困難である。

また，色や明るさも心理量であって，これを直接，物理量で表現することはできない。物理量で表現できないということは，この3次元世界にはそれが直接的な形で存在しないということであり，この世に実際に色がついている物体は存在しないということになる。

われわれ人間の感覚では，これが逆で，「この世に存在するものは，何でも色が付いている」と思っているのが普通である。しかし，この感覚では，マシンビジョン用途向けの照明設計はできないのである。明るさも同様で，「照明が，物体を明るく照らしている」という感覚をもってしては，やはりまともな照明設計はできないのである。更に，「照明の形や光の照射形態によって，物体の見え方が変わる」という感覚をもってしても，マシンビジョン用途向けの照明の最適化は難しい。

なぜなら，これらは心理量で映像を評価することのできる人間には通用するが，視覚機能の実現手段がすべて3次元世界に閉じていなければならないマシンビジョンでは，一見，通じるようで，実は全くうまく行かないのである。

図4[23]に，人間及び機械の，視覚機能とその評価尺度の関係を示した。人間は「こころ」の機能をもって視覚機能を実現しているが，機械は「こころ」を持ち得ないので，人間と同じ映像情報では，所望の認識結果を得ることはできない。すなわち，機械は，入力される画像情報に対して，あらかじめ決められた解析処理を施すことによってのみ，最終の認識結果を得なければならない。

このことは逆に，あらかじめ決められた解析処理に適合しない画像は入力できないことを意味しており，入力する画像の濃淡パターンの数が少なければ少ないほど，処理も高速化でき，高信頼でロバストな動作が可能なことを示している。

画像情報は，元々，被検物の光物性に対応した光の変化そのものである。その画像情報において，認識のための所望の特徴情報を過不足なく，しかも高 S/N で抽出するためには，物体の光物性を基にして，その物体から返される物体光の変化量を最適化する必要がある。物体光の変化量を最適化できるのは照明系以外になく，同時にこれがマシンビジョンにおける照明系の役割そのものでもある。

LED照明のアプリケーションと技術

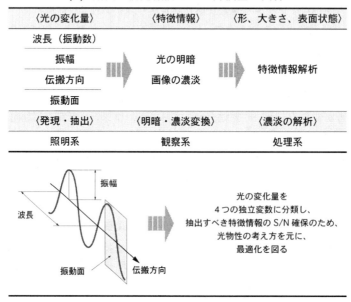

図4　視覚機能における評価量と光の変化量の関係[23]

2.3　照明系の最適化設計へのアプローチ

　図4の縦の3つの系列を見ると，人間の映像情報としては単に明るくなった物体の輝度変化であったのが，機械では特徴情報に着目した光の変化の発現過程であり，眼が単純な結像光学系であるのに対して機械では光の変化を光の濃淡情報に変換する過程となっている。機械の視覚では，ここまでの過程で，あらかじめ設定した条件の下での特徴情報が画像情報に変換されなければならないのである。

　人間においては，得られた映像情報に対して，比較的自由に適応可能で，幅のある物体認識が可能である。一方，機械の視覚においては「こころ」による創造的な機能がないので，入力であ

第8章　検査機器・画像処理用照明機器

る画像情報の濃淡パターンのみを用いて，最終の解析結果が計算されなければならない。

　光を波と考えると，光の変化要素は，その波の形態を決めている，波長（振動数），振幅，振動方向，伝搬方向の4つの独立変数であるので，光の変化量を最適化するには，この4つの変数に関わるパラメータを最適化すれば，所望の特徴情報に対する光の変化量を最適化することができる。

　その設計過程で重要になるのが，マシンビジョンライティングのために再定義された明視野と暗視野という照明法の基本方式である。

　照明法によって物体の明るさ，およびその階調が大きく影響を受けることから，この照明の最適化設計の過程そのものが，機械の視覚機能を有効ならしめている高付加価値過程になっている。つまり，マシンビジョンにおいては，結果としての照明系のハードウェアも必要ではあるが，これを実現するシステム毎の照射形態の設計過程こそが，その付加価値を生み出すことのできる，新たなエンジニアリングシステムになっている。

3　一般照明とマシンビジョンライティング

　マシンビジョンシステムでは，「何を，どのように見るか」という機能要素を照明系と観察系に割り当て，その結果得られた画像情報を「どのように解析し，判断するか」という機能要素をコンピュータとそのソフトウェアに割り当てることによって，視覚機能全体を実現している[24]。

　したがって，マシンビジョンライティングの機能要件としては，そのマシンビジョンシステムで必要となる特徴情報を，画像処理系で解析可能な形，すなわち画像処理系で仮定された濃淡パターンの範囲内で抽出するということが必須となる。

　特徴情報を抽出するためには，光と物体との相互作用すなわち光物性において，その特徴点が光に対してどのような変化を生じさせるかを見極め，その変化を最大化し，それを打ち消す別の変化量を最少化することが求められる[25]。

　一方，ヒューマンビジョンにおける照明は，人間が物体認識をするために明るくすることが目的であり，そのために物体がどの程度明るく照らされるかという尺度として，照度の最適化がその照明設計の大部分を占めていた。したがって，光と物体との相互作用に着目し，これを選択的に抽出する方法論や技術詳細については，一部を除いてそのほとんどが不問であった。それは，これまでの照明光学設計に関する文献のほとんどが，光物性そのものではなく，我々が視覚認識する対象に対する照度計算とその対象から発せられる光をどのように結像させるか，という方法論に終始していることからも明らかである。

　すなわち，これまでは，「明るくする」ということと，「見る」ということとは別の過程であるという前提のもとに，人間がその視覚機能をもって「見る」ための濃淡画像を如何に形成するか，ということに関して探求がなされてきたといってよい。

　しかし，マシンビジョンライティングにおいては，単に「明るくする」ことではなく，「明ら

LED照明のアプリケーションと技術

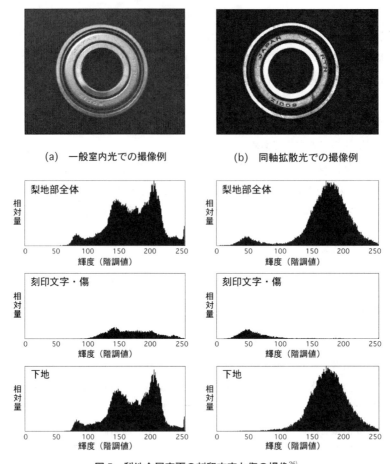

図5 梨地金属表面の刻印文字と傷の撮像[26]

かにする」ことが求められる。すなわち，「明るくして，モノを見る」という機能を超えて，「何を，どのように見るか」という機能をも果たす必要があるということである。

両者は，その探求の視点において，明らかに異なっている。したがって，その設計や最適化においては，従来の「光をどのように照射して，明るくするか」という観点から，「特徴点の変化量のS/Nを，どのように最大化するか」，そして「そのためには，どのような形態の光を照射し，その変化量をどのように捕捉するか」という観点へのパラダイムシフトが望まれる。

その技術の総体を，マシンビジョンにおけるライティング技術と呼び，従来の単に「光の当て方」といったノウハウ的な方法論と区別しているわけである。

ヒューマンビジョンにおける照明は，それが写真であれ顕微鏡像であれ，最終的に人間が物体を認識することを前提としている。人間は，高度な精神活動を駆使してこれを認識することから，その画像は単に明るくした，強いていえば人間が見て心地よい画像，すなわちグレアのない，明るすぎず，暗すぎない適正な明るさを持っていればそれでよい。

第8章　検査機器・画像処理用照明機器

　図5[26)]に，ボールベアリングの金属ケース表面を例にとり，室内照明とマシンビジョンライティングにおいて，その撮像画像を比較したものを示す。

　このボールベアリングのケースは，文字が刻印してあるリング型の部分が梨地になっており，物体から返される光が，後述する分散直接光であることから，人間の視覚では簡単にこの文字を読むことができるが，マシンビジョンでは認識が難しく，しばしばその撮像例として採り上げられるものである。

　図5の(a)は，室内照明で撮像した画像であり，文字刻印部のリングは，梨地金属表面独特のある一定の分散立体角をもつ分散直接光で，その輝度が照明の輝度に比例していることから，照射立体角と観察立体角の最適化設計をせずに，単に物体に光を照射しただけではギラギラとしていて，特にマシンビジョンにおいては画像の認識が困難である。

　図に示したヒストグラムでは，それぞれの明るさのピクセルがどれくらいの量含まれているかが分かるが，刻印文字や傷とそれ以外の下地部分では，その分布している輝度範囲がほとんど変わらないことから，単に撮像輝度の差だけでは刻印文字等の分離が難しいことが分かる。

　図5の(b)は，マシンビジョンライティングとして，刻印文字と梨地状の傷を抽出することを目的に，梨地金属の表面にほぼ垂直な方向から，比較的大きな照射立体角の拡散光を照射し，同様にその金属表面に対してほぼ垂直な方向から，今度は比較的小さな観察立体角で撮像したものである。

　この例では，照射光の平行度すなわち照射立体角とその照射方向，観察光の方向と結像光学系の物体側NAすなわち観察立体角が重要な設計パラメータになっている。

　ここで，物体側NAのNAはNumericalApertureの略で，物体の各点から発せられる光を，どの程度の立体角範囲内で捕捉できるかを示すパラメータで，マシンビジョンライティングでは常に考えておかねばならない重要なパラメータである。

　これは，物体表面での特徴点の変化に着目し，その変化量を照射光によって最大化すると共に，その変化量を最も効果的に捕捉・抽出できるように，観察系を最適化したマシンビジョンライティングの一例である。

　図5の(b)では，刻印文字と肉眼でも見つけにくい細い傷が，その濃淡差において下地部分から分離されておりその濃淡差も，ヒストグラムから容易に読み取ることができる。

　マシンビジョンシステムでは，このようにして得られた画像データを画像処理部で解析し，梨地の下地部分において，刻印文字や傷の平均輝度と僅かに重なっている輝度部分に対して，ある一定の条件のもとで適当なアルゴリズムを用いれば，その部分をキャンセルすることができる。その上で，パターンマッチング等のアルゴリズムを用いて文字部を抜き出し，更に残ったものが一般に不定形の傷であるということになる。

　以上で解説したように，マシンビジョンライティングは，その最適化設計過程において，ある特定の条件下の解析を前提とした画像情報によって，人間の視覚機能と同様の結果を得るための手段であるということができる。

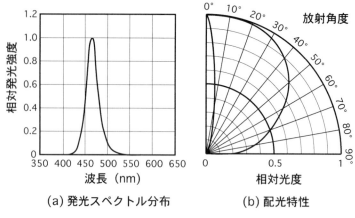

(a) 発光スペクトル分布　　(b) 配光特性

図6　一般的な青色LEDの発光特性

4　LED照明の適合性

　一般に，LED素子は，光源として，その寿命と制御性，安定性の点で優れており，その発光効率が，量産ベースで蛍光灯を超えることがほぼ確実であることから，今まさに生活照明としても注目の的である。しかし，LED素子のもう一つの大きな特徴として，マシンビジョンライティングのように，照射光の波長や照射立体角を精度よく制御しなければならない特殊ライティング用途に対して，見事に適合しているということが挙げられる。

　すなわち，LED照明では，その発光メカニズムから発光波長幅が比較的狭いことと，LED1個あたりの発光面が比較的小さく，光学的にその配光の制御性が高いことなどから，個別に設計されたLED照明で物体に光を照射すると，その物体から返される物体光における波長の変化やスペクトル分布の変化，および伝搬方向の変化を抽出しやすいということがいえる。

　図6に示すように，LEDの発光波長特性は半値幅で±10〜20nm程度でほぼ単色光といってよく，配光特性は±5°から±70〜80°と制御幅が非常に大きいことがわかる。

　LED素子は，1発光素子が数百μm角程度であり，ほぼ点光源と見なせるため，その照射光を光学的に扱いやすいという特徴がある。

　LEDのパッケージには照射端に凸レンズを配するいわゆる砲弾型LEDと，そのままベアチップを実装しただけのチップタイプがある。砲弾型LEDではその指向特性が鋭く，なおかつLED1個あたりの大きさが，数ミリ程度と小さいことから，照射光束の相対関係を自由にカスタマイズすることが可能となる。

　図7は，2001年当時のシーシーエス製LED照明の一部であるが，その照射のバリエーションは，現時点で標準品として取り揃えられているものだけでも約500種類あり，カスタマイズ品を含めるとおよそ5000種類程度の照明がある。

　これは，生活照明として様々なデザインの照明があるのとは意味が違い，それぞれに照射光の

第8章　検査機器・画像処理用照明機器

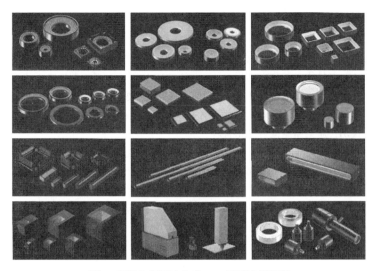

図7　画像処理用途向け LED 照明の分類例
・2001 年当時の CCS 製 LED 照明カタログより抜粋した。
・形状や発光面の性状，実装形態等によりカテゴライズされ，それ
　ぞれに対してそのアプリケーション例が数例ずつ開示されていた。

照射パターンが異なり，照射する物体の形状や目的とする傷や異物などの特徴点の種類によって最適化を図るためである。それでも，標準品が使用できるのは半分くらいで，そのほかはそれぞれに照明をカスタマイズすることが必要となる。

　マシンビジョン画像処理用途向けの LED 照明とは，カスタマイズが前提となっている照明なのである。それは，その照明が，それぞれのマシンビジョンシステムで「何を，どのように見るか」ということを決めているからで，その条件は，まさに適用するシステム毎に異なるからである[27]。

　照明というと，どうしても生活照明と同じような照明を思い浮かべるが，マシンビジョンライティングにおける照明はいわゆる生活照明とは似て非なるものと言っていいだろう。したがって，既にご紹介したように，マシンビジョン用途向けの照明においてはまさに新たなパラダイムが求められており，メーカーやシステムインテグレーターはもちろんのこと，ユーザーにおいてもその新たなパラダイムを十分に理解することが要請されている。その一環として，マシンビジョン用途向け照明の規格化[28]が図られ，今後のブラッシュアップと，世界規模での更なる啓蒙が必須となっているのである。

LED 照明のアプリケーションと技術

文　献

1) 増村茂樹, "マシンビジョンライティング基礎編～マシンビジョン画像処理システムにおけるライティング技術の基礎と応用～", pp.61-62, 日本インダストリアルイメージング協会, (2007) [初出: "(第1回) ライティングの意味と必要性, 連載―光の使命を果たせ, マシンビジョン画像処理システムにおけるライティング技術", 映像情報インダストリアル, **36** (4), pp.50-51, 産業開発機構 (2004)]

2) Amir Novini, "Fundamentals of Machine Vision Lighting", IEEE Vision 86 Proceedings : International Conference and Exposition on Applied Machine Vision, pp.44-52 (1986)

3) 文献1), pp.4-7, 日本インダストリアルイメージング協会 (2007) [初出: "マシンビジョン画像処理システムにおける新しいライティング技術の位置づけとその未来展望, 特集―これからのマシンビジョンを展望する", 映像情報インダストリアル, vol. 38, No. 1, pp.11-15, 産業開発機構 (2006)]

4) TUNG-HSU (TONY) HOU, "Automated vision system for IC lead inspection", *International Journal of Production Research*, **39** (15), pp.3353-3366, Taylor & Francis Ltd., (2001)

5) B. C. JIANG, C. C. WANG, Y. N. HSU, "Machine vision and background remover-based approach for PCB solder joints inspection", *International Journal of Production Research*, **45** (2), pp.451-464, Taylor & Francis Ltd., (2007)

6) Der-Baau Perng, Cheng-Chuan Chou, Shu-Ming Lee : "Design and development of a new machine vision wire bonding inspection system", *International Journal of Advanced Manufacturing Technology* (2007) 34, pp.323-334, Springer-Verlag London Ltd. (2006)

7) Srivatsan Chakravarthy, Rajeev Sharma, and Rangachar Kasturi : "Noncontact Level Sensing Technique Using Computer Vision", *IEEE Trans-actions on Instrumentation and Measurement*, **51**, (2) (2002)

8) 斉藤めぐみ, 佐藤洋一, 池内克史, 栢木寛 : "ハイライトの偏光解析に基づく透明物体の表面形状測定", 電子情報通信学会論文誌 D-II, **J82-D-II** (9), pp.1383-1390 (1999)

9) Yoav Y. Schechner, Shree K. Nayar, Peter N. Belhumeur, "Multiplexing for Optimal Lighting", *IEEE Transaction on Pattern Analysis and Machine Inteligence*, **29** (8), pp.1339-1354, IEEE Computer Society (2007)

10) Jianing Zhu, Yasushi Mae, Mamoru Minami, "Finding and Quantitative Evaluation of Minute Flaws on Metal Surface Using Hairline", *IEEE Transaction on Industrial Electronics*, **54** (3), pp.1420-1429, IEEE Computer Society (2007)

11) 小俣和子, 斎藤英雄, 小沢慎治, "光源の相対回転による物体形状と表面反射特性の推定", 電子情報通信学会論文誌 D-II, **J83-D-II** (3), pp.927-937 (2000)

12) Amir Novini, "Fundamentals of Machine Vision Lighting", IEEE Vision 86 Proceedings : International Conference and Exposition on Applied Machine Vision, pp.44-52 (1986)

13) United Kingdom Industrial Vision Association, "Machine Vision Handbook" (2001)

14) Sunil Kumar Kopparapu, "Lighting design for machine vision application", *Image and Vision Computing* **24**, pp.720-726 (2006)

第 8 章　検査機器・画像処理用照明機器

15) I. Jahr, "Lighting in Machine Vision", Handbook of Machine Vision. Alexander Hornberg (Ed.), pp.73-203, WILEY-VCH Verlag GmbH & Co. KGaA (2006)
16) 増村茂樹, "マシンビジョンライティング応用編", 日本インダストリアルイメージング協会 (2010) ［初出：映像情報インダストリアル, **39** (11), 産業開発機構, (2006-2009)］
17) 文献 16), p.7, 図 1.3 ［初出：映像情報インダストリアル, **38** (13), pp.132-133, 産業開発機構 (2006)］
18) 文献 16), pp.65-66, 日本インダストリアルイメージング協会 (2010) ［初出：映像情報インダストリアル, **39** (11), 産業開発機構, (2007)］
19) 文献 16), pp.12, 図 2.1 ［初出：映像情報インダストリアル, **39** (1), pp.78-79, 産業開発機構 (2007)］
20) Feynman *et al*., The Feynman lectures on physics, Vol. 1, Chapter 35-1, 36-1, Addison-Wesley (1963)
21) 金出武雄, "コンピュータビジョン", 電子情報通信学会誌, (**83**), pp.32-37 (2000)
22) 増村茂樹, "(第 72 回) マシンビジョンシステムにおけるライティング技術の基礎と応用", 映像情報インダストリアル, **42** (3), pp.65-70, 産業開発機構 (2010)
23) 増村茂樹, "(第 75 回) 最適化システムとしての照明とその応用 (9)", 映像情報インダストリアル, **42** (6), pp.109-114, 産業開発機構 (2010)
24) 文献 16), pp.1-20 ［(初出："(第 32～34 回) ライティングシステムの最適化設計 (1～3)", 映像情報インダストリアル, **38** (12) **39** (1), 産業開発機構 (2006～2007)］
25) 増村茂樹, "マシンビジョンライティング基礎編", 日本インダストリアルイメージング協会 (2007) ［初出：映像情報インダストリアル, **36** (6), pp.106-107, 産業開発機構 (2004)］
26) 増村茂樹, "マシンビジョン画像処理システムのためのライティング技術", 最先端　高出力 LED 応用事例集, pp.241-262, 技術情報協会 (2007)
27) 増村茂樹, "マシンビジョン画像処理システムにおけるライティング技術［Ⅰ］〜ライティング技術とは何か〜", 電子情報通信学会誌, **88** (4), pp.284-288, 電子情報通信学会, (2005)
28) JIIA LI-001-2010, マシンビジョン・画像処理システム用照明 —設計の基礎事項と照射光の明るさに関する仕様", 日本インダストリアルイメージング協会 (JIIA) (2010)

第 2 編　LED 照明の光学設計

第9章　LED照明光学系設計の理解に役立つ光学理論

牛山善太[*]

本章では照明系設計に必要な光学的な基本的な知識について解説する。

1　光というものをどのように考えるか

1.1　光線としての性質

光線は，古代より直感的に理解された光のあり方であり，光は直進して明確な光と影の領域を形成すると言う概念，幾何光学となる考え方である。照明系におけるように，波長に比べて広大な空間を伝播する光を考えるときに適する。

1.2　波としての性質

光は電磁波の一種として電場，磁場を振動させながら進む波であると言う捉え方ができる。波なので，周期構造があり，その単位としての波長があり，他の波と強めあい，或いは弱めあい互いに影響を受けあう（干渉現象）。また，波なので水面に石を投げた時の波紋のようにいろいろな方向に広がっていき，いろいろな方向に回り込む（回折現象）。波動光学である。波長を0と置いて波動光学を単純化・整理したものが幾何光学である。

波動光学における重要な原理として"光波の重ね合わせの原理"と言うものがある。波動光学

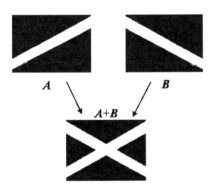

図1　光波の重ね合わせの原理
クロスした光はその後，何も無かったようにそれぞれの方向に進んでいく。

---

*　Zenta Ushiyama　㈱タイコ　代表取締役

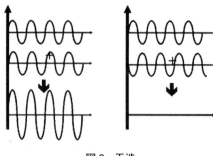

図2　干渉

を司る，Maxwellの電磁方程式を満たす光の場，分布を表す場所の関数をA，同様な，別の分布具合を表す関数をBとするとき，$A+B$はマクスウェルの方程式を満たす。従って，光の合成は，各（座標）場所におけるA，B単独の波としての場を単純に加えていけばよい（図1）。

また，波動が合成された時は，波動の足し算を考えれば良い訳であるから，それぞれの波の揺れ（振幅）を足して新しい波を作れば良い。ただしこの時，揺れの方向にプラス，マイナスがあることが重要になる。つまり，ある地点で波が上に10（プラス），下に10（マイナス）揺れていたら，合成された新しい波の揺れは0になる（図2）。

因みに光波の時間平均されて観測される単位面積を透過するエネルギー，明るさは，例えば正弦波の様に規則正しい波動が続く場合，最大の揺れの2乗にその空間の屈折率を掛けた値に比例する。

LEDを含む一般的な照明光では，波動が数学的な正弦波を生み出す如くには，長い時間連続して放射されない。断続的に正弦波の一部が放射される。従って図1のA，Bの交わるところでは，図2にあるような，強めあい，或いは弱めあいの状態が時々刻々変化し，われわれにはその時間的平均の明るさが観察されることになる。このような場合には，A，B単独で表す光の明るさ（単独の振幅の2乗に比例する値）を，交叉領域では単純に足し合わせれば，その場の明るさが計算できる。

また，電磁波である光の伝播は様々な方向に振動する上記正弦波の様な波が伝わっていく模様としてイメージすることができるが，実はこの正弦波的振動に自由度がある。図3におけるx-z平面，x-y平面への波動の射影（つまり影絵）が正弦波状になっていればMaxwellの電磁方程式を満たす。従って，図3におけるような様々な波の形が存在する。この様な振動の偏り方を偏光と呼ぶ。一般的な照明光源を扱う場合には偏りはランダムであると考えて差し支えない。

1.3　粒子としての性質

光はエネルギーをもった粒子であるとする考え方が存在する。

現代の科学では光は波動性と粒子性を持ったもの，量子と考えられている。この様な考え方に基づく光学を量子光学と言う。一般的なレンズなどの光学機器を考える場合には殆ど不要であ

第9章　LED照明光学系設計の理解に役立つ光学理論

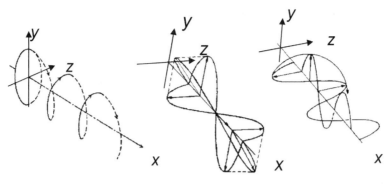

図3　偏光の種類

る。しかし，光源からの発光，吸収，媒質と光の原子的なレベルでの精密な相互作用を考える場合，非常に強い光，逆に弱い光を扱う場合には量子光学が必要とされる。また，LED光源においては，その発光のメカニズムそのものを解析する場合には言うに及ばず，白色光を得るための，蛍光体による吸収を含む発光色変換現象などを検討する場合には必要となる考え方である。

2　光がどこを通るのか

光が伝播する際には，何らかの媒質を通過することになる。また，それら媒質同士が接する境界面も通過することになる。ここではそのような，光が通過する場について考えてみよう。

2.1　誘電体の形成する自由空間

光が透過する媒質は一般的に誘電体と呼ばれる，透明な媒質である。真空，空気，液体，ガラスのようなものが含まれる。一般的なレンズ系の材料も当然，誘電体である。そこに電荷も電流も生じていない，光学設計的に一般的な場合には，誘電体の性質を決める最も重要な要素は屈折率である。屈折率はその名の通り，異なる屈折率の媒質が形成する境界面を光波が通過するとき，その光路が曲げられる度合いを表すものであるが，根本的な性質としては，真空中とその媒質内での光の速度の比を表す。因みに屈折率1.5の媒質中の光速は真空中の速さの1/1.5になる。

レンズなどの光学機器に用いられるためには，媒質には，本来は全ての位置，或いは全ての光の振動方向に対して屈折率が一定であること，等方性が求められる。しかし，媒質の結晶構造そのものにより，或いは圧力等の物理的条件により（プラスティック系素材に際立つ），光波の振動方向に対して屈折率が異なり，光波が分離する現象も起こる（複屈折現象）。

また，こうした非常に細かい領域での屈折の性質的変化ではないが，その中で人工的に緩やかな屈折変化をもたせた媒質も存在する。屈折率分布ガラスと呼ばれる。屈折率が分布することで，レンズにおける曲面加工を表面に施さなくても，光を曲げ，集光することができ，微細なスキャナー用アレイレンズ等に利用されている。

2.2 異なる性質の媒質により形成される境界面

誘電体境界面，つまり屈折率の異なるガラスとガラス，空気とガラスなどの境界面においては。屈折，反射が起こる。

また，上記，誘電体に比し，金属などの導体は光を反射，吸収して，透過させない。空気，ガラスなどの誘電体と金属面の境界においては主に反射が起きる。鏡面である。

微小な凹凸を持つ境界面等においては，上記の屈折反射現象が複雑に起こると考えても良い。しかし，表面微小構造が細かくなるにつれ，微小構造による回折現象が顕著になってくる。その最も端的な例が回折光学素子である。誘電体，或いは導体との境界面に微細構造を形成し波動的な回折現象を利用し光波の進行のコントロールを行うものである（場合によってはレンズ機能さえ付加できる）。

この様な現象の利用は照明系においても，配光制御等の目的のために多用されてきている。

2.3 微粒子の存在する誘電体媒質

誘電体媒質中に微小な粒子が存在する場合，その粒子の起こす光学的な現象（主に反射，回折）を散乱と呼ぶが，照明系の場合にも配光を制御する，あるいは屈折率を変化させるなどの目的で，導光板等にこうした数十ミクロン以下の粒子を混入する場合もある。

散乱現象の基本的分類は波動光学の範疇では以下の通りである。

(1) **レイリー散乱**

波長に比べ十分に小さい反射物体を考えると（100nm以下，波長の1/10程度），この散乱は強い波長依存性を持ち，レーリー散乱（Rayleigh scattering）と呼ばれる。

(2) **ミー散乱**

物体が小さくなり過ぎ，一般的回折近似理論の誤差が大きくなり，また完全に回折に対する物体の大きさを無視する事もできないので，レーリー散乱の理論も成立しない領域が存在する。この領域における任意な材質，任意の大きさの球による散乱計算を担う理論がミー（Mie）理論（1908年）である。この理論により計算される散乱を便宜的にミー散乱と呼ぶ。ミー理論は多くの場合，物体の大きさが数mm程度から100nm程度の大きさに及ぶ，大気中の水滴，或いは媒質中の粒子などによる散乱の解析に用いられる。

なお，LEDにおける，蛍光体による散乱以前と以後で波長が変換される様な散乱は，古典的な波動光学的散乱の範疇からは外れる。

3 光の進み方を考える

3.1 光線とは

一般的な透明媒質中では光は直進する。その進行方向を光線と言う線で補助的に表現することができる。本来，光は波としての性質を持つが，

第9章　LED 照明光学系設計の理解に役立つ光学理論

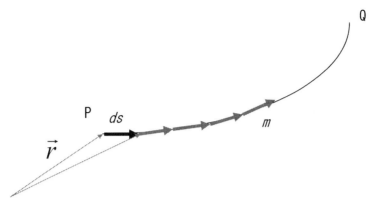

図4　フェルマーの原理・光路長

① 非常に光が集中している状態を詳細に解析する場合
② 光の明暗の境界の状態を詳細に解析する場合
③ 単色性の強い光源の大きさが非常に小さい場合
④ 小さな構造を通る光を，或いは小さな絞りを通る光を遠方から観測する場合

等の場合以外には，光線を代表させて光の振る舞いを，単純明快に考える事ができる。上述の通り，この様な範囲で光を考える学問を幾何光学と呼ぶ。LEDを利用する照明系設計の場合には，専ら波長オーダーの屈折率の変化のある構造の無い，広大な空間における光の伝播を対象とするので，この幾何光学の範疇で照明系の設計が行なわれると考えても良い（LEDの発展に伴い将来的には③の条件が引っ掛かってくる可能性も有り得るが）。以降においては，この幾何光学理論の範疇で主に解説を行う。

3.2 光の進み方を考える上で重要な法則，ならびに計算結果
3.2.1 フェルマーの原理・光路長

光は屈折率と距離を掛けた光路長が（或いはその合計が）極値（一般的には最小値）となる経路を通過する。屈折率が一定の空気，真空，光学ガラスの一般的状態においては，その媒質中で光は直進する。また，温度分布により屈折率が不均一に分布している大気中，屈折率が分布しているガラスにおいて光は曲進する（図4）。

屈折率は，真空中に，ある距離を光が進むのに要する時間と，そのガラス中の同じ距離を進むための時間との比であって，フェルマーの原理とは，結局"光はA, B間が最短時間となる経路を進む"とも考えることができる。

3.2.2 スネルの法則

異なる屈折率を持つ媒質境界面では以下のスネルの法則により屈折・反射現象（図5, 6）が生起する。照明シミュレーションにおける光線追跡[5]はこの式を基に行なわれる。

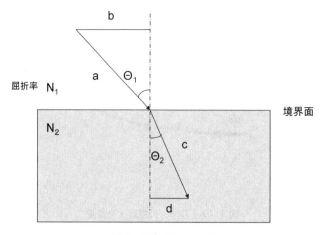

図5 スネルの屈折則

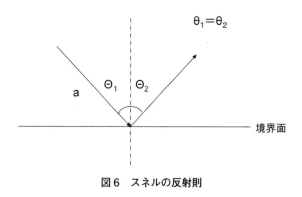

図6 スネルの反射則

$$N_1 \sin \theta_1 = N_2 \sin \theta_2 \tag{1}$$

その屈折と反射の光の強度の割合はフレネルの反射強度の式により計算できる。金属面（ミラー）の場合には，スネルの反射則に則る反射のみ顕著に起きる（吸収は起こる）。

3.2.3 幾何光学における明るさの概念（幾何光学的強度の法則）

観察面上の光線の密度が小さくなると，観察面上での明るさは暗くなる。光路の途中にレンズ等の光学系が存在していても，微小面積と，単位面積当たりに通過する光の明るさの積は，光の進行に伴っても一定である（図7）。

$$I_1 dS_1 = I_2 dS_2 \tag{2}$$

コンピュータによる一般的な照明計算ではこの概念に基づいて明るさを定量的に算出している。

3.2.4 フレネル反射強度

図8には例として，屈折率 $N_1=1$ から $N_2=1.5$ へと変化する空気，水，ガラス等の光を透過す

第9章　LED照明光学系設計の理解に役立つ光学理論

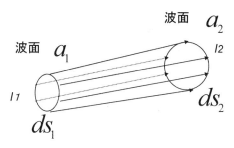

図7　幾何光学的強度の法則

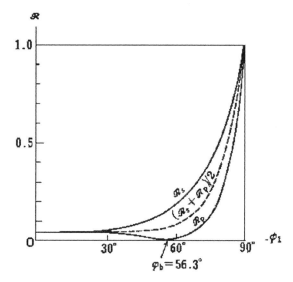

図8　フレネル反射強度

図におけるS，Pの意味は記述の偏光の成分を表している。
P偏光：スネルの法則図，紙面内に振動方向が含まれる光波の振動成分。
S偏光：紙面と直交する方向に振動する光波成分。

る媒質同士の境界面に光が入射する時，S偏光とP偏光における反射率（強度）を示している（屈折率が変化すると強度も変わる）。これをフレネル反射強度と呼ぶ。物質による吸収を考えなければ，境界面で分岐する，反射分と次の媒質に進入していく屈折分のエネルギーを足せば，入射エネルギーと等しくなる。

文　　　献

1）　辻内順平，光学概論I，朝倉書店（1979）

2) 辻内順平, 光学概論Ⅱ, 朝倉書店 (1979)
3) 村田和美, 光学, サイエンス社 (1979)
4) 谷田貝 豊彦, 例題で学ぶ光学入門, 森北出版 (2010)
5) M. Born & E. Wolf, 光学の原理, 第7版／草川徹訳, 東海大学出版会 (2005)
6) 牛山善太, 草川 徹, シミュレーション光学, 東海大学出版会 (2003)
7) 牛山善太, 波動光学エンジニアリングの基礎, オプトロニクス社 (2005)

第10章　基本的な照明理論

牛山善太*

ここでは，LED照明系の光学的な特性を考える上で重要となる測光量，照明系理論について概説する。

1　照明の基本単位

1.1　放射量，視感度そして立体角

目が明るさを感じる波長域（可視域）は通常，380〜780nmであるとされ，視感度を考慮した単位時間あたりに透過するエネルギー量，光束L_vは，変換の際の係数をK_Mとして，以下の如くである。物理的な単位時間あたりのエネルギーL_eに目の感度によるウエイトV（図1）が乗ぜられ積分される形となる。

$$L_v = K_M \int_{380}^{780} L_e(\lambda) V(\lambda) d\lambda \tag{1}$$

また，1979年に，波長555nmにおいて，放射束1ワットに対し光束が683ルーメンと定義されたので，変換係数は，

$$K_M = 683 \, (lumen/watt) \tag{2}$$

となる。一般的に物理的なエネルギー量を基にした照明系の単位を放射量，視感度を考慮した光

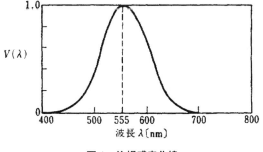

図1　比視感度曲線

---

*　Zenta Ushiyama　㈱タイコ　代表取締役

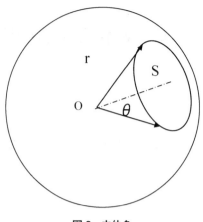

図2 立体角

束を基にした単位を測光量と呼ぶ。

立体角は以下の通り定義される。半径 r の球表面 S を切り取ってできる立体を考え、この球中心からの広がりが立体的な角度を表す（図2）。

$$\Omega = S/r^2 \tag{3}$$

本来、面積 S は球表面上であればどの様な形でも良いが、オーソドックスに球表面上の円と考えれば、球中心からの2次元的な広がり角度 θ（半角）と、立体角 Ω との関係は、

$$S = 2\pi r^2 \int_0^\theta \sin\delta \, d\delta \tag{4}$$

なので、

$$\Omega = 2\pi(1 - \cos\theta) \tag{5}$$

となる。

1.2 重要な測光諸量の定義

ここで、光の明るさを定量的に表す測光量の単位について説明させて頂く。数式がある方が理解し易い場合もあるので定義式を挙げておく[6]。

放射量で記述すると（測光量については [ ] 内に示す），

* 放射束 [光束]　　$F = \dfrac{dQ}{dt}$　（Watt＝J/t）　[lumen]

Q は放射エネルギーであって、電磁波（或いは粒子）として伝播されるエネルギー、t は時間で

第10章 基本的な照明理論

ある。光源の周り総ての方向に放射されている単位時間当たりのエネルギーを全光束［lumen］と言う。

* 放射照度　［照度］　　$E = \dfrac{dF}{dS'}$　（W/m²）　［lux］

S'は被照明面上の面積。ある面積にどのくらいの放射束が到達しているかを表す単位であって，光の方向性の概念は含まれていない。

* 放射発散度　［光束発散度］　　$M = \dfrac{dF}{dS}$　（W/m²）　［lumen/m²］

Sは光源面上の面積。照度の裏返しで，単位面積あたりどのくらいの放射束が射出しているかを表す量である。

* 放射強度　［光度］　　$I = \dfrac{dF}{d\Omega}$　（W/sr）　［candela］

Ωは光源から放射される光の形成する立体角である。光源のどこから光が出ているかと言う概念は含まれていない。実際の光源は必ず面積を持っている訳であるから，その光源を非常に遠方（光の放射角度分布のみが顕著になるくらいの）から観察した量であると考えれば理解し易い。

* 放射輝度　［輝度］　　$B = \dfrac{dF}{d\Omega \, dS \cos\theta}$　（w/(sr·m²)）　［candela/m²，nit］

θは光源面法線と輝度方向の為す角度である。光源の単位面積あたりから放射し，測定したい方向の単位立体角あたりに含まれる放射束を表す。光源のどの場所が，どの方向から見ると，どの様に明るく見えるかと言う事を知るためには輝度という概念が不可欠となる。この場合，微小面積dSに$\cos\theta$が掛かっていると言う事は，分母となる光源面積が，測定方向から角度θで光源を覗き見たときに歪んで見える光源の大きさであることを意味している。人間の網膜にはこの見た目の大きさに比例して光源面が結像する。もし，そこでの照度が等しければ，人間にとっては同じ明るさに見えると言う事になる。照度は既述の通り像面積に反比例するので，見た目の面積がたいへん重要になる。また，人間は数ミリ程度に制限された直径の絞り，虹彩によって立体角的に制限された放射束を受け取るわけであるから（立体角をむやみに大きくとれない），人間の網膜上の像照度を上げるためには輝度を上げる事が必要となる。

人間が見た方向においての等輝度光源とは，同じ照度の光源像が網膜に得られるもの，或いはカメラで撮影した場合には同様な均一照度分布の光源像が得られるものと考えられる。どの方向から観察しても輝度の等しい面光源を完全拡散面光源と呼ぶ。図3に有るようにどの方向に対しても等輝度である，と言う事は見た目の面積が式分母にあることから，角度毎の射出放射強度分

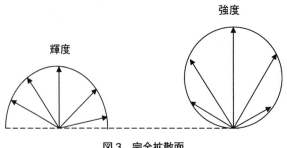

図3 完全拡散面

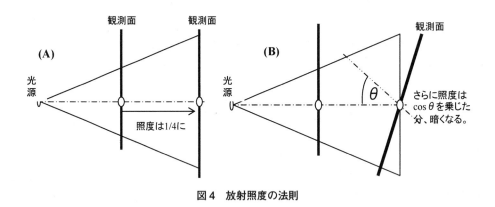

図4 放射照度の法則

布は図の如くになる。

2 照明系設計の簡単な法則など

2.1 放射照度の法則（図 4(A)(B)）

点光源が放射角度に対し均一な強度分布を示すと考えれば，$\theta'=0$（法線方向）における法線照度 E_0 は

$$E_0 = \frac{I}{d'^2} \tag{6}$$

よって，

$$E = E_0 \cos\theta' \tag{7}$$

となる。(6)式は，光源からの距離の2乗に反比例して受光面における放射照度が落ちていくことを，すなわち**放射照度の逆2乗則**を表わし，(7)式は"放射照度は受光面法線と光源の方向が為す角度の余弦に比例する"と言う，**放射照度の余弦則**を表わす。測光量についても同様の法則が成

第10章 基本的な照明理論

り立つ。

また，面積 ds の，上述の完全拡散面光源（輝度 B）でこれに平行に相対する平面を照明した場合には面光源の鉛直方向の面積 dP における照度 E_0 は

$$E_0 = B \frac{dP}{L^2} ds \frac{1}{dP} = B \frac{ds}{L^2} \tag{8}$$

光源面と角度 θ をなす方向の被照明面上の同様の照度 E は，ds 同様，dP も歪んで見えて，

$$E = B \frac{dP \cos\theta}{\left(\dfrac{L}{\cos\theta}\right)^2} ds \cos\theta \frac{1}{dP} = B \frac{ds}{L^2} \cos^4\theta \tag{9}$$

従って

$$E = E_0 \cos^4\theta \tag{10}$$

の関係になる。もし完全拡散面光源ではなく，面法線に対する角度 θ 方向への光度の，中心方向（$\theta = 0$）への光度との比が $I(\theta) = I_\theta / I_0$ であるような光源を用いれば，k を比例定数として，

$$E_0 = kI_0 \frac{dP}{L^2} ds \frac{1}{dP} = kI_0 \frac{ds}{L^2} \tag{11}$$

$$E = kI_\theta \frac{dP \cos\theta}{\left(\dfrac{L}{\cos\theta}\right)^2} ds \frac{1}{dP} = kI_\theta \frac{ds}{L^2} \cos^3\theta \tag{12}$$

従って，

$$E = E_0 I(\theta) \cos^3\theta \tag{13}$$

となる。$I(\theta)$ に図5（日亜化学工業㈱のカタログデータ）にある分布をあてはめ，この関係式を用いていることが出来る。完全な点光源のように光度に指向性が無ければ，E は E_0 に $\cos^3\theta$ を乗じたものと成る。

2.2 輝度不変則の概念

吸収，拡散が無い場合，幾何光学的には微小な光の束に沿っての輝度は変化しない。これは照明光学的には重要な法則である。例えばいくら光源の数を増やしても（図6），照明光のクロスする場所においての照度は上昇するが，輝度は方向性を持つ概念なので輝度についての変化は無い。またハーフミラーの様なもので複数の光源からの光路を一致させようと試みても，ミラー毎

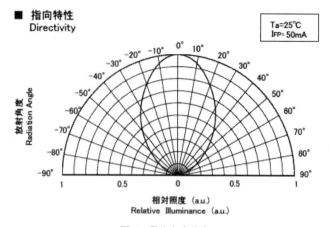

図5 発光角度分布
(日亜化学工業㈱の LED, NSPWR70CSS-K1)

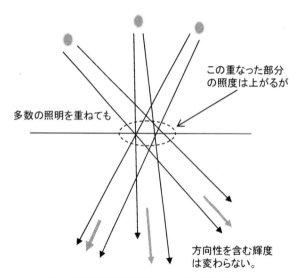

図6 輝度不変則の概念・光束の重ね合わせ

に光波が分岐してしまい輝度は上がらない。共役関係に無い(物体と像の関係に無い)二つの光斑における輝度の不変性についての証明を以下に記す。

図7にある様に,平面上の微小な面積 dS を持つ光源 S からの光束が形成するある平面上の幾何光学的な光斑 S'の微小な面積を dS' と置く。ここでは dS と dS' は共役関係に無い一般的な状態を想定する。また,光線 A,A'を定め,簡潔のために,この光線と光軸の定めるメリディオナル断面内に微小平面 S,S'の法線が含まれるとする。

さらにこの断面内においては S,S'はそれぞれ微小な長さ dr,dr'で表わされることになるが,光源面上,点 A から微小な距離 dr 離れた位置にある点 B を設ける。この B から光線 AA'と平

第 10 章　基本的な照明理論

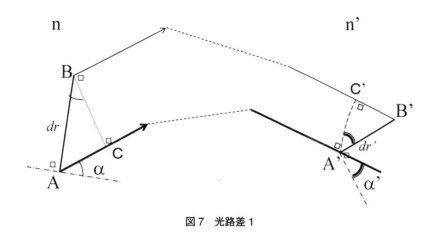

図7　光路差1

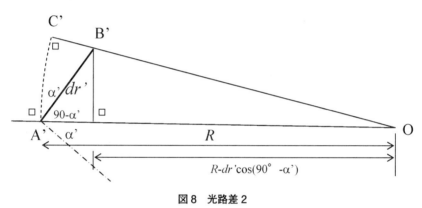

図8　光路差2

行に射出し，被照明面上において点 A' から微小な距離 dr' 離れた位置にある点 B' に至る光線を考える。

そして平面 S の法線と光線 AA' のなす角度を α，平面 S' の法線と光線 AA' のなす角度を α' としよう。物界，像界の屈折率はともに一様であり，それぞれ n，n' とする。さらに，B から光線 AA' への垂線の交点を C とする。さらに光線 AA' に沿った光路長 [CA'] と [BC'] が等しくなるように光線 BB' 上に点 C' を置く。従って

$$[AA'] - [BB'] = [AC] + [CA'] - [BC'] - [C'B'] \tag{14}$$
$$[AA'] - [BB'] = [AC] - [C'B']$$

さて，ここで図7に戻ると，光線 AA'，BB' を含み，線分 BC を直交して横切る光斑 S からの光線群を考えると，これらは，A'，C' を含む曲線に，互いに等しい光路長を為して直交する。曲線 A'C' はこれら光線の波面の切り口となる。

ここで，[C'B'] について検討しよう。図8にある様に，波面 C'A' の曲率中心を O，その曲

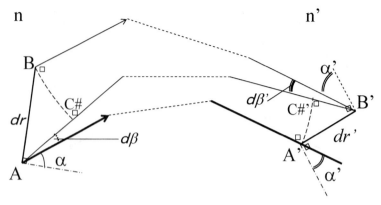

図9　光路差3

率半径をRとする時，簡単な考察から以下の関係が成り立つ。

$$\overline{C'B'} = R - \sqrt{\left\{dr'\sin\left(\frac{\pi}{2} - \alpha'\right)\right\}^2 + \left\{R - dr'\cos\left(\frac{\pi}{2} - \alpha'\right)\right\}^2}$$
$$= R - \sqrt{\{dr'\cos\alpha'\}^2 + \{R - dr'\sin\alpha'\}^2} \quad (15A)$$

計算して，整理すると，

$$\overline{C'B'} = R - R\sqrt{1 - \left(\frac{2dr'\sin\alpha'}{R} - \frac{dr'^2}{R^2}\right)}$$

RはS，S'が微小な大きさである時，微小量dr，dr'と比べて非常に大きな値となるので，根号内小括弧内の第2項は4次以上の微小量として無視できる。また，同第1項も2次以上の微小量であるから，一次近似の公式を用いて，

$$\overline{C'B'} \approx R - R\left(1 - \frac{1}{2}\frac{2dr'\sin\alpha'}{R}\right) \quad (15B)$$
$$= dr'\sin\alpha'$$

従って，図7より

$$[AA'] - [BB'] = ndr\sin\alpha - n'dr'\sin\alpha' \quad (16)$$

さて，ここで図9にある様に，AからB'に向かう光線を考えよう。この時，光線AB'と主光線のなす角度を$d\beta$，光線BB'となす角度を$d\beta'$とする。それぞれ微小な角度である。また，

第 10 章　基本的な照明理論

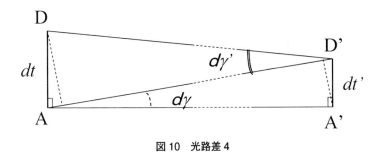

図10　光路差4

$[BB'] = [C\#B']$
$[AA'] = [AC\#']$

となるように，光線 AB′ 上に点 C#，C#′ を置く。ここでも，点 A を出た光線群は，これらの光線が等光路長で直交する波面 A′C#′ を形成すると考えられる。逆に点 B′ を出発する光線群を考えれば，これらは波面 BC# を形成するとも考えられる。

従って

$[AA'] - [BB'] = [AC\#] + [C\#C\#'] - [C\#C\#'] - [C\#'B']$
$[AA'] - [BB'] = [AC\#] - [C\#'B']$

ここでも，[AC#]，[C#′B′] について（15A）式から（15B）式におけるのと同様の考え方が成り立ち S，S′ が微小であるとすれば，図8より，

$$[AA'] - [BB'] = ndr\sin(\alpha + d\beta) - n'dr'\sin(\alpha' + d\beta')$$

ここでさらに，三角関数の加法定理を用い，$d\beta$，$d\beta'$（$d\beta$ は dr/R 程度の2次の微小量である）が微小であることによる1次近似を行ない上式は以下の如くに整理される（α は必ずしも微小ではない）。

$$[AA'] - [BB'] = ndr\{\sin\alpha + \cos\alpha\, d\beta\} - n'dr'\{\sin\alpha' + \cos\alpha'\, d\beta'\} \tag{17}$$

(16)式と(17)式の辺々の差をとると

$$0 = ndr\cos\alpha\, d\beta - n'dr'\cos\alpha'\, d\beta'$$

よって，

$$ndr\cos\alpha\, d\beta = n'dr'\cos\alpha'\, d\beta' \tag{18}$$

ここで，dr，dr' と主光線を含む平面と垂直方向の平面を考え，図10にある様に，この平面内での光源，光斑の長さ dt，dt'，点 D，D′，微小角度 $d\gamma$，$d\gamma'$ をとる。図9と図10を比較す

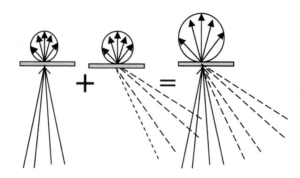

図 11　完全拡散面による輝度の上昇

れば図 10 において線分 AD，A′D′ が主光線と垂直であるところが異なるだけであるので，$\alpha = 0$ と置いた場合の(18)式と同様の形として

$$ndtd\gamma = n'dt'd\gamma' \tag{19}$$

なる関係が得られる。ここで(18)，(19)式を辺々掛け合わせれば，光源，光斑の微小面積について

$$dS = drdt,\quad dS' = dr'dt'$$

dS'，dS にそれぞれ張る立体角について

$$d\Omega = d\beta d\gamma,\quad d\Omega' = d\beta'd\gamma'$$

と置いて

$$n^2 \cos\alpha\, dSd\Omega = n'^2 \cos\alpha'\, dS'd\Omega' \tag{20}$$

なる重要な関係が導かれる。両辺に保存される量はエタンデュー（etendue）と呼ばれる。光学系による吸収がなければ物界と像界においてのエネルギー保存則が成り立つので，

$$B\cos\alpha\, dSd\Omega = B'\cos\alpha'\, dS'd\Omega' \tag{21}$$

従って $n = n' = 1$ とすれば，(17)式より

$$B = B'$$

放射輝度の不変性が導けた。光学系が光路中に存在していても，ここで考えた細い光束に沿って輝度は保存される。又，ここでの共役結像関係に無い dS，dS' において(20)式の関係が成立すると言う内容を，ストローベル（Straubel）の定理と呼ぶ。

輝度が見かけ上変化する場合にはまず，拡散面を照明した場合が考えられる。図 11 にある様

に，例えば完全拡散面を考えれば，拡散面上のある場所 P で拡散されれば，その後の指向性の違いはそれぞれの光源からの光について失われるので，P での透過後，任意の方向への輝度は P における集光状況に影響を受ける事になる。ただ拡散光の輝度が上がるわけであるから，元の照明光の輝度よりはかなり低いものとなる。

　また，今日，航空管制灯の様な物にも LED は使われてきているが，以前こうした目的に用いられていた高輝度光源と比し，輝度の低い LED を使ってどうやって人の網膜上に十分な照度の像を結ばせるのであろうか？　既述の通り，虹彩を大きくするか，輝度を上げるかしなければ，その照度は上げる事ができないことになっている。ここでは，この投光装置から観察する人間までの距離が，光源面積に比べて十分に大きいことを利用する。LED を多数個（場合によっては数万個オーダー）並べても，飛行機からの距離に比べれば，そんなに光源面積は大きくはならない。従って，網膜上には非常に小さい面積にエネルギーが集まることになり，人は明るい輝点を感じる事ができる。実際には輝度が上がるのでは無く，遠方からの観察により光源の面積の情報が失われることによって（星を見たときのように），角度依存性のみの光度で人の明るさの感じ方を計算できる，と考えた方が良い。もし，網膜の位置で非常に微小な面積における照度を精密に測定できれば，LED 数を増やしても照度は変化しない訳であるから。

2.3　光源の形状と照度の関係について

　微小光源面積 dS と微小受光面積 dS′ に張られる立体角，或いは面法線と互いの面中心同士を結ぶ長さ r の線分との為す角度を，図12 にあるように定める。すると，

$$d\Omega = \frac{dS' \cos\theta'}{r^2}, \quad d\Omega' = \frac{dS \cos\theta}{r^2}$$

従って r^2 を消して

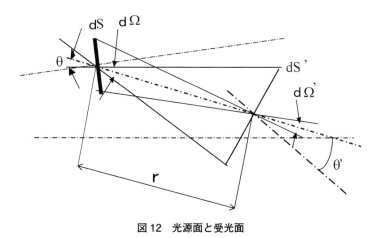

図12　光源面と受光面

$$dS\cos\theta\,d\Omega = dS'\cos\theta'\,d\Omega' \tag{22}$$

となる。ここで，光源が輝度Bで一様に光っているとすれば，受光面積dS'に到達する光束$d\Phi$は

$$d\Phi = B\,dS\cos\theta\,d\Omega$$

(22)式から

$$d\Phi = B\,dS'\cos\theta'\,d\Omega'$$

微小受光面上の照度dE'を考えれば，

$$dE' = \frac{d\Phi}{dS'} = B\cos\theta'\,d\Omega' \tag{23}$$

となる。従って微小光源面が連続的に多数存在してそれらがdS'を照らす場合にはそれぞれの光源面に等微小立体角$d\Omega'$を張るように光源面全体を細分化して（統合光源面が平面である必要はない。(23)式には輝度と，立体角と，そして受光面から光源素を見込む角度しか現れていないので）上記受光面上の照度は

$$E' = \int B\cos\theta'\,d\Omega' \tag{24}$$

として微小立体角で積分する形で得られる。光源の形状に依存せず，光源を見込む角度と輝度分布ですべてが決まってしまう。もし輝度が一様な統合光源であれば

$$E' = B\int \cos\theta'\,d\Omega' \tag{25}$$

と，より簡潔な形になる。もし最大見込み角αの場合の円盤光源面を考えれば，これは半径Pの球表面を見込み書く角αで丸く切り取った光源を考えるのと等価であるから，図13にある様に微小角度を設定して，(25)式を解きます。立体角については

$$d\Omega' = \frac{P\sin\theta\,d\phi \cdot P\,d\theta}{P^2}$$

なので，(25)式は以下の如くに表せる。

第 10 章　基本的な照明理論

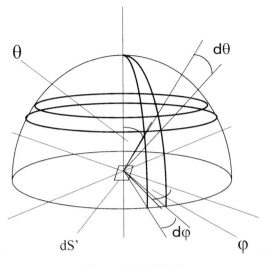

図 13　立体角の設定

$$E' = B \int_0^{2\pi}\int_0^{\alpha} \cos\theta \sin\theta \, d\theta \, d\phi \tag{26}$$

$$= B \int_0^{2\pi} d\phi \int_0^{\alpha} \cos\theta \sin\theta \, d\theta$$

$$= 2\pi B \left[\frac{\sin^2\theta}{2} \right]_0^{\alpha}$$

従って，

$$E' = \pi B \sin^2\alpha \tag{27}$$

となる。

文　　献

1) 日亜化学工業㈱, http://www.nichia.co.jp/specification/jp/led_09/NSPWR70CSS-K1.pdf
2) 龍岡静夫, 光工学の基礎, 昭晃堂 (1990)
3) 谷田貝 豊彦, 例題で学ぶ光学入門, 森北出版 (2010)
4) M. Born & E. Wolf, 光学の原理, 第 7 版/草川徹訳, 東海大学出版会 (2005)
5) R. McCluney, Introduction to Radiometry and Photometry, Artech House (1994)
6) 牛山善太, 草川徹, シミュレーション光学, 東海大学出版会 (2003)

第11章 照明系設計・シミュレーションソフトついて

牛山善太*

はじめに

　照明系設計において，シミュレーションが様々な場面で頻繁に行なわれる様になったのは，そう以前からのことではない。ちょうど，パーソナル・コンピュータのスタイルが MS-DOS から windows3.1 を基調にしたものに変化して行く時期と，あい前後して，パーソナル・コンピュータ用の様々な照明系評価設計用のソフト，あるいはモジュールが発表され始めた。それ以来，評価機能の向上，低価格化が不断に進められ，現在では，既存の光学メーカーにおいてのみならず，なんらかの形で光を扱う，広大な産業分野の様々なメーカーにおいて，コンピュータによる照明系設計，評価は研究，実践されてきている。LED 照明系を設計する場合にも，そこにある程度以上の，高効率化，高品位化を求めると，照明光学系設計ソフトが必要になる。本章では，こうした，多様な可能性を持つ照明系評価の，従来の結像光学系評価との対比における特質，或いはソフトウエアーを有効に活用するためのポイントについて述べる。

1 照明系設計ソフトとは

　照明系とは光源をその内部に含み，何かを照らす，或いは，中空に光を放射するものであるとは最も単純明解な定義であるが，この，光源を内部に持つことのシミュレーションを可能なことが，照明系評価ソフトウエアーの最も際立った特徴である。

　伝統的な写真レンズに代表されるような結像光学系のための設計ソフトにおいては，光源は基本的には総べて，単独の点で表わされる。これらの点が幾つか被写体面上に配置され，ある面積

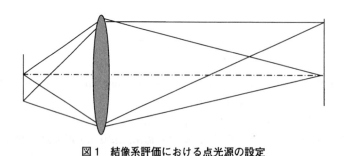

図1　結像系評価における点光源の設定

---

　*　Zenta Ushiyama　㈱タイコ　代表取締役

第 11 章　照明系設計・シミュレーションソフついて

の結像を評価することは行われても，点がいかに点として結像されるかと言う評価がその基本とされる（図 1）。

結像系においては，輝く光源を直接結像させる場合は殆ど無く，被写体は自ら発光するのではなく，他からの光を被写体表面上，むらなく反射し輝いていると設定され，そして，総べての方向に等しい輝度で輝く完全拡散面光源として点光源は定義される。こうして，代表的ないくつかのポジションにおける点像の精密な評価が，そのまま画面全体の精密な評価に繋がる。

ところが，光源を光学系内部に含めて考慮する場合には，様々な形状の光源の面積，体積，発光の指向性を表現する能力が必要とされ，また，この光学系によって照明される面，被照明面上のある程度の大きさを持った面積内の，光の分布，照度分布等について，評価，表示できる機能も求められる。ここでは面対面の評価が基本となる。

照明系評価においても基本的には面光源は多数の点光源を敷き詰めることにより，表現され，本質的には結像系評価の場合と変わらない。しかし，

① 一般的には光源面からの光が広い範囲に拡散する。照明系の場合にはその光の広がり方を知ることが重要になる（結像系の場合には，ある原稿範囲の中の，どれだけ細かい情報を再現できるかを知ることがが重要）
② 発光面における明るさの分布（位置，角度の双方の次元において）に一般性が無いこと
③ 照明系光学系の収差が場合によっては補正されていないこと
　（画面内で大きく性能が異なる）
④ 一般的には照明系光学系に回転対称性が無いこと
⑤ 発光面が必ずしも平面ではないこと
⑥ 結像系に比べて，光学系の面形状が球面形状から大きく離れている場合が多いこと

等の理由から，発光面上に多数の点光源を発生させて，評価することになる。

基本的には，ソフトの光源入力に際しては，光源面上の発散度分布（当然光源の形状も知る必要があるが），光源カタログ等に記載されている光度分布（前章参照）をユーザーが入力することを求められる場合が多い。現状では光源発光面積の表示などにおいて不備なカタログも多く（確かに単純がグラフでは表現しにくくもあるが），より詳細なデジタル化された光源の輝度分布データをダウンロードして，より簡便に直接，照明計算に役立てられる環境が望まれる。また，実現化しつつある。

また，結像系の場合と異なり，1 点から出た光は 1 点に結像しようとはせず，多くの場合広がる（ボケる）ので，角度分布的にも多くの光線を考えないと，被照明面に到達した時の，光線と光線の間がスカスカになってしまう。従って，照明系評価の場合には，結像系の場合と比べ圧倒的に多くの光線を発生させて行う光線追跡が必要になる。

また，さらに，様々な光源の表現能力，それに伴って必要とされる照度分布，輝度分布などの像界における情報の表示能力（非常に多くの光線が齎す情報を分かり易く表現する能力）が照明系用ソフトには最低限，必要とされる能力であり，結像光学系用ソフトにおいては必ずしも必要

とされない部分である。

　実際には，これらの機能だけではなく，一般的な照明系に頻繁に用いられる，高次非球面，トロイダル面，拡散面，アレイ・レンズ，フレネル・レンズなどの様々な照明系的要素を評価できる機能も求められる。また，投影光学系の評価における様に，光源から，最終的な被照明面までの照明系の中に，スライドなどの原稿部と共に結像光学系を含めて考える場合もあり，近年，照明系評価用ソフトとは，結像系をその系中に包含する，より一般的な広範囲にわたる光学系評価のためのものであるとの印象も強い。

2　照明系評価ソフトの分類

　照明系評価ソフトには，大きく分けて二つのタイプが存在する。一つは従来の光学設計ソフトの延長線上にある種類のものである。処理速度は速く，光学的な評価・解析能力は高く，回折，偏光などにも対応する，波動光学的な取り扱い，さらにレーザ光学系への対応が可能なソフトも存在する。また，結像光学系を照明系と共に扱う折りにも連携が良い。しかし，そのために，結像光学系評価におけるのと同様に，光軸という回転軸が，主に光線追跡においての基準座標となるシステムが用いられ，光学系配置の自由度は犠牲になる。

　結像光学系設計ソフトでは，光線追跡に際し，レンズ等の光学要素面上における光線の交点が計算されるべき順序が定まっている。例えば，光源から射出した光線が最初に到達すべき光学系

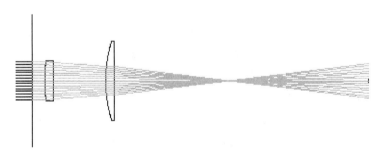

図2　(a)シークエンシャルな光線追跡

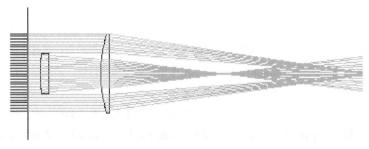

図2　(b)ノン・シークエンシャルな光線追跡

第11章　照明系設計・シミュレーションソフトついて

の第1の面は定まっており，この一面を通過，或いは反射した光線が，次は第2面，第3面とやはり定められた順番に各光学素子面と関係を持って行く（図2(a)）。この様な光線追跡方法を逐次光線追跡（sequential raytrace）と呼ぶ。フレア等の迷明を防ぐために，想定される正常な一順路以外からの有害光線に対しての遮光が前提となる，つまり，まるで光の流れを通す一本の管の様に振る舞う，多くの一般的な結像光学系に適応する方法である。照明系評価に対応してはいても，この流儀を守っていて（部分的な例外は設けられてはいても），そこで用いられる光線追跡手法はこの逐次光線追跡の範囲に留まる照明系設計ソフト群が存在する。

そして，もう一方には，光軸などに囚われない，光学的要素の自由な空間的配置を許すソフトが数々存在する。ここでは，光線の入射すべき順序などという不自然なものが定められておらず，入射可能な総てての光学的要素に対して，光線が到達するか否かの探査が行なわれる非逐次光線追跡（nonsequential raytrace）が実行される（図2(b)）。様々な光学素子を様々な条件で，自由に空間に配置できる汎用性の高いソフトである。ただし，それだけに入力パラメータ数も増え，一般の光学系に近いものを入力するときには，前述のタイプと比べ，煩雑な作業が要求され，また，評価対象を広げる事，計算結果の視覚化などに対して主な努力が費やされている感もあり，照明計算結果の光学的解析能力に劣る面もある。ソフト導入のための選択に際しては，これら二つのタイプが存在することを念頭に置いておくべきであろう。

ここで，この様な非逐次的な光線追跡が必要となる光学系の例を挙げ，必要とされる対応について考えて見よう。図3(a)は光源を方物面鏡で囲んだ投光系である。光源から広範囲の方位に光線が射出すると考えると，光線は鏡面にあたり反射されるものと，前部の光学系に直接入射するものに別れる。鏡面を光線が必ず到達する第1面として，定義する事ができなくなる。図3(b)は，複数のレンズが光軸に垂直な平面に横並びに並んだ光学系である。明らかにこの場合も一つ一つレンズに順序は付けられない。また，図3(c)はガラスがパイプ状になった物で，臨界角以上では側面による反射が起こる。図3(d)は屋根形プリズム内を光線が通過する様子を示している。

以上，これらの光学系においては，共通して，明らかにノン・シークエンシャルな光線追跡が必要となるが，光線進行経路の分岐数もそれ程多くなく，また光線の入射先の予測も付きやすい。従って，これらの光学系に対しては，深いリフレクター，レンズ・アレイ，ライト・ガイド，屋根形プリズムなどの，それぞれに適合した特定のノン・シークエンシャルな処理に名前を付け，分類し扱う様にする方が都合が良い。また，昨今の照明系設計ソフトにおいては，シークエンシャルな光線追跡を主に行うものでも，こうした部分的なノン・シークエンシャルな光線追跡が可能なものが殆どである。

この様な部分的な場合と異なり，光学的要素が空間に幾つも並列的に存在していたり，複雑な形状の光学要素，或いは被照明物が存在したり，或いは複雑な光学系中に，光線を様々な方向に拡散させる要素が存在したりする場合には，前述の様な個別的，例外的な対応では対処しきれなくなり，広範囲に渡る光学要素同士の相関関係を前提とした完全にノン・シークエンシャルな光線追跡を実行する必要がある（特に顕著な例には導光板がある（図4））。このような光学系にお

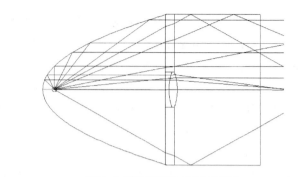

図3 (a)方物面鏡を用いた投光系

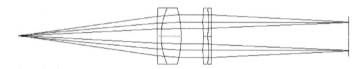

図3 (b)レンズ・アレイを含む光学系

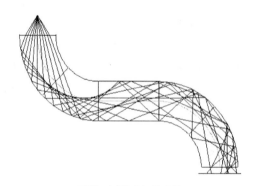

図3 (c)ライトガイド

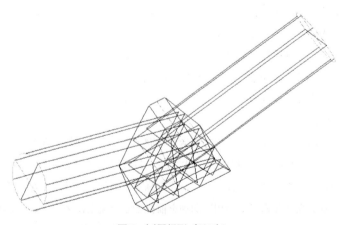

図3 (d)屋根形プリズム

第11章 照明系設計・シミュレーションソフトついて

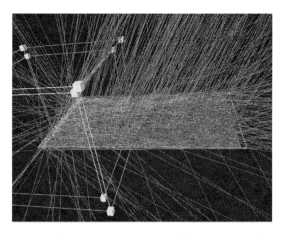

図4 導光板のシミュレーション（SPEOSによる）

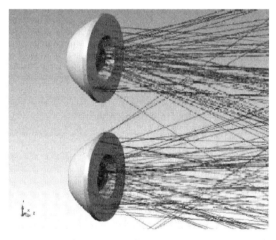

図5 CADデータの利用（照明SimulatorCADによる）

いては，殆ど予め決められた面の順序などに意味は無く，様々な光線進行経路が考えられ，ある面から射出した光線のその次の到着面は常に不定で，光学系全体についての探査がなされなければならない。

こうした，複雑な照明系に対応するためのソフトウエアーこそが，ここで挙げる第二のカテゴリーのものである。そして今日的には，複雑な形状の光学系を形成するためにCADとのlinkも重要な機能である（図5）。

149

文　　献

1) SPEOS, http://www.optis.fr/
2) 照明 SimulatorCAD, http://www.osc-japan.com/solution/lsd
3) 牛山善太, 草川 徹, シミュレーション光学, 東海大学出版会 (2003)
4) 牛山善太, 照明系の設計, "光設計とシミュレーションソフトの上手な使い方", オプトロニクス社 (2003)

主な照明系光学設計ソフト

1) ASAP：http://www.breault.com/
2) CODE V, LIGHTTOOLS：http://www.opticalres.com/
3) ODIS：吉田光学研究所
4) OPTICAD：http://www.opticad.com/
5) OPTISWORKS：http://www.optis.fr/, http://www.solidworks.com/
6) OSLO：http://www.sinopt.com/
7) PHOTOPIA：http://www.lighting-technologies.com/
8) RADIANTIMAGE：http://www.radimg.com/
9) RAYCALC：http://www004.upp.so-net.ne.jp/rayCalc/
10) SOLSTICE, SPEOS：http://www.optis.fr/
11) TOLES：東海大学光工学科草川研究室
12) TRACEPRO：http://www.lambdares.com/
13) ZEMAX：http://www.zemax.com/
14) 照明 Simulator：http://www.osc-japan.com/solution/lsd

第12章　照明シミュレーション

稲畑達雄*

はじめに

近年のパーソナルコンピュータの性能向上には著しいものがある。これに伴い，計算処理能力やメモリー容量が結果に大きく影響する照明や光学関連のシミュレーションソフトウエアの分野でも進化が著しく，低価格で高性能な新しいソフトウエアが開発される様になった。また，ハードウエアのみならず，ユーザインターフェースなどの操作系も充実してきた。そして，各社が開発したソフトウエアモジュール間の連携も容易となってきた。本章では，照明光学系の評価ツールとして近年発売された，シミュレーションソフト「照明Simulator」シリーズ（開発・販売元/㈱ベストメディア）の中から，最新の「照明SimulatorCAD」を活用した利用事例を具体的に紹介する。

1　光源の配置と照度分布

LEDを利用した照明光学系の設計を行う場合，はたして幾つのLEDモジュールをどのように配置すれば，目的とする照度分布が所定の場所で得られるのかという基本的な考察から着手する場合が多い。一般的に，光源の並べ方が照度分布に大きく影響を与えるのではないかというイメージを抱くことも多いが，実際には，光源からある程度離れてしまうと，配置による違いは少なくなる。これは，暗闇でスマートフォンの画面を床面に向けて照らしても，床にはタッチパネルに表示されている画像や文字は描き出されずに，ほぼ均一な照度分布が得られることからも容易に推測できる。

汎用的な白色LED「NS6W183T」（製造元/日亜化学工業㈱）を用いて，この現象をコンピュータシミュレーションにより確認してみる。

LEDの商品仕様書などから光学的に必要なデータを読み取り，発光部のエネルギー（光束），大きさ，形状，光線の指向特性，発光スペクトルなどの数値をソフトウエアの光源データとして入力する（図1）。

例として，このLEDを8つ配置する場合を考える。LEDを同心円状（図2）に配置した場合と矩形状（図3）に配置した場合，LED光源と照度分布を計測する評価面との距離を徐々に変えて，両配置の照度分布がどう変化するかを見てみよう。

---

*　Tatsuo Inabata　㈱ベストメディア　商品開発部　取締役部長

LED照明のアプリケーションと技術

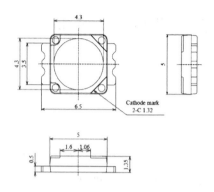

■ 発光スペクトル　　■ 指向特性

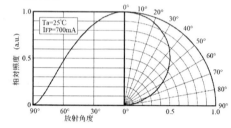

初期電気／光学特性　　　　　　　　　　　　　　(Ta=25℃)

項　目		記　号	条　件	標準	最大	単位
順電圧		V_F	I_F=700[mA]	(3.5)	4.0	V
光束※		ϕV	I_F=700[mA]	(225)	—	lm
色度座標※※	x	—	I_F=700[mA]	0.344	—	—
	y	—	I_F=700[mA]	0.355	—	—

※　光束は、CIE 127:2007に準拠した国家標準校正値と整合をとっています。
※※　色度座標は、CIE 1931色度図に基づくものとします。

図1

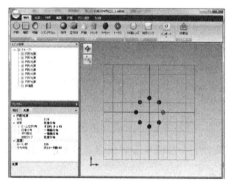
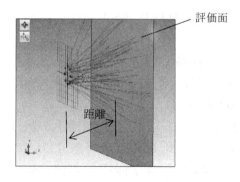

図2

第12章 照明シミュレーション

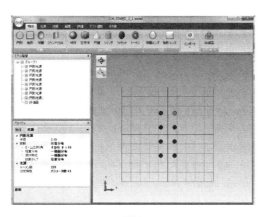

図3

距離 mm	5	10	100
同心円状	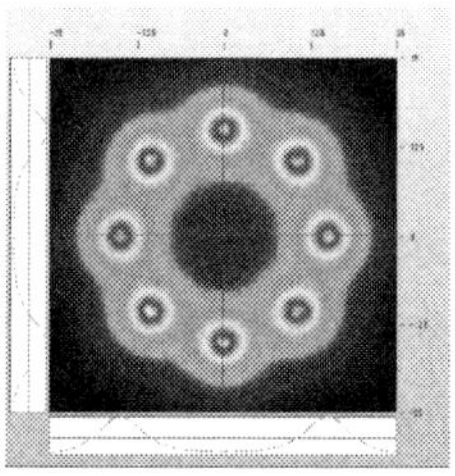	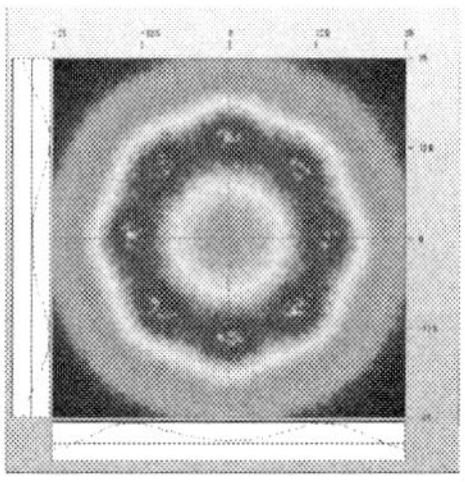	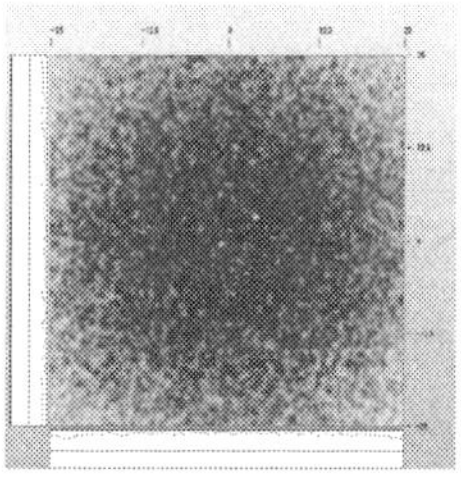
ピーク照度 （l x）	2.7×10^6	1.1×10^6	6.1×10^4
矩形状	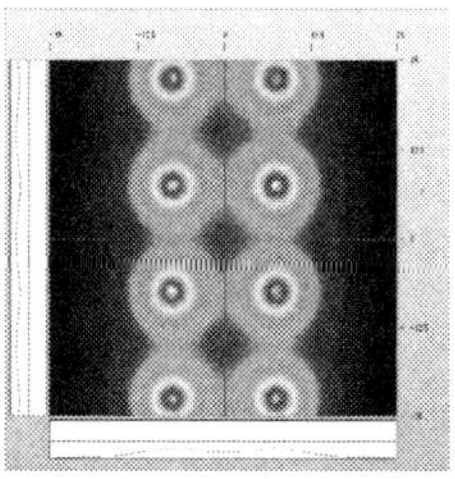	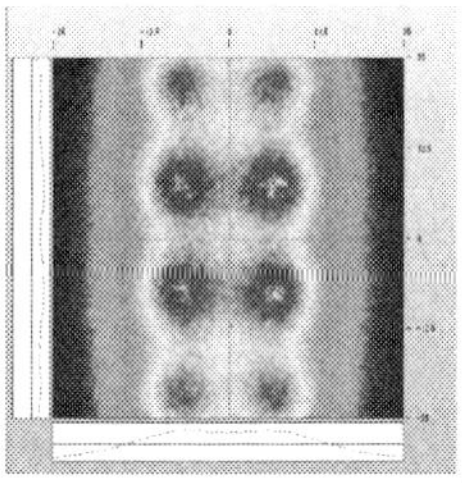	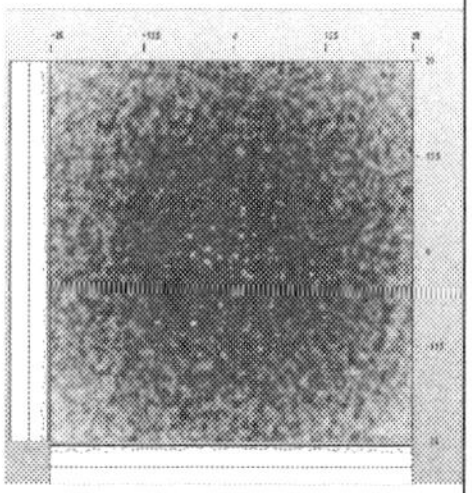
ピーク照度 （l x）	2.6×10^6	1.0×10^6	6.0×10^4

図4

結果（図4）を比較すると，評価面とLEDの距離が5〜10mmといったごく近傍の場合には，LEDの配置や発光面の形状が照度分布ムラとして認識できるが，100mm近く離れると，照度分

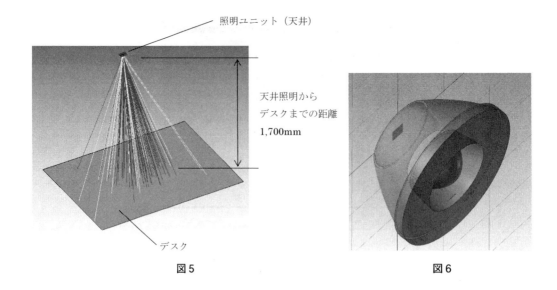

図5　　　　　　　　　　　　図6

布には配置などによる差異が無くなることが分かる。また，ピーク照度の値にも両者の間にはほとんど違いが無いということも分かる。

上記で利用した，「NS6W183T」が225（lm）の光束であるのに対して，同社製の白色LED「NS3W183T」は125（lm）の光束を持ち，形状，分光特性，配光特性などその他の光学的な数値はほぼ同じである。上記で使用した8つのLEDを全てをこの「NS3W183T」に交換をした場合は，照明を構成する，1つのLEDの光束の比は$125/225 \times 100 = 56\%$であることから，例えば100mm位置では，$6.1 \times 10^4$（lm）の56％である，$3.4 \times 10^4$（lm）位に暗くなることを容易に推測することができる。

2　LEDユニットと室内照明

次に標準的なオフィスの天井高2,400mmに取り付けた照明で，床からの高さが700mmのデスク表面を照射する場合を考える。照明機器からデスクまでの距離は1,700mmとなるので，この位置においてJISで定められている事務所の照度基準（JIS Z91110）をクリアする照明設計を行なう（図5）。

本事例では，一体型のコリメータレンズ（図6）を使用する場合を考える。これは，樹脂製で一体成形により作られ，アルミなどの反射膜のコーティングも不要であるので，製造コストが安く，かつ，全反射の利用により反射効率が高いという特長があり，近年様々な用途に応用されている。このコリメータレンズとLEDを組み合わせた光学ユニットを考える。光学部品の形状は「IGES」や「STL」「Step」といった汎用的なCADデータとしてインポートすることが可能なので，この様な複雑な形状のコリメータレンズについても容易に利用することができる。

第12章 照明シミュレーション

タイプ	a	b	c
ユニット数（個）	1	3	3
配置	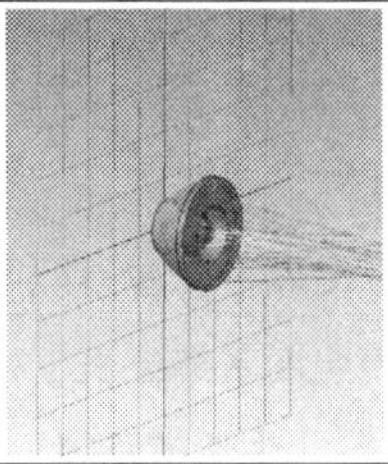		
照度分布形状	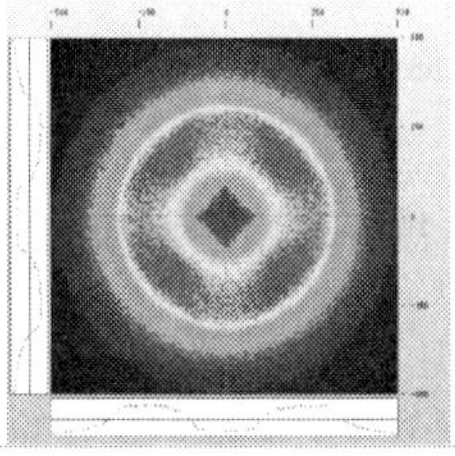	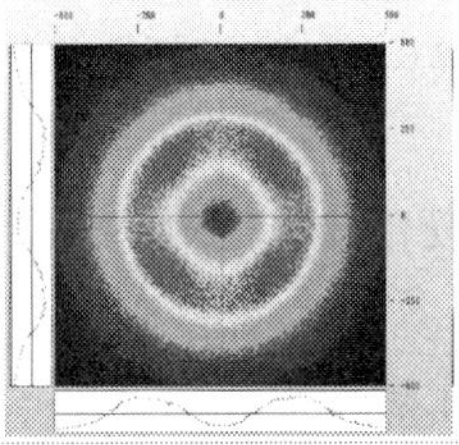	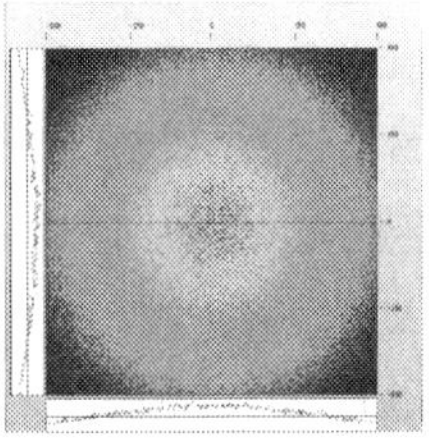
ピーク照度値（lx）	406	1215	813

注）JIS：事務所，営業室，設計室，製図室，玄関ホール（昼間）で 750～1,500 lx であること。

図7

　それぞれの組み合わせと，シミュレートの結果を図7にまとめた。ユニット1つの利用では，机上の照度は 406 lx と JIS の基準をクリアすることができない（図7a）。同じ配置の場合，ユニットの個数とデスク上の照度分布はほぼ比例関係にあるので，3つのユニットでは，1200 lx を超えることが予測される。そこで，実際に，3つのユニットを三角形に配置してみる。シミュレーションを実施したところ，ほぼ予想通りの照度 1215 lx が得られた（図7b）。ところが，机上での照度分布結果を見るとリング状の照度分布ムラが生じてしまっていることが分かる（図7b）。このままでは，読書などの執務には向かない。解決策として，コリメータレンズの設計を変更することも考えられるが，最も簡便な対策として，ユニットの前面に拡散板を配置する手法を考える。拡散板には「LSD（Light Shaping Diffuser）円形20度タイプ」（販売元/㈱オプティカルソリューションズ）を利用してみた。デスク上の明るさをできるだけ落とさずにムラだけを解消する目的なので，半値全幅（full width at half maximum, FWHM）が20度という比較的狭い角度タイプを選択した。結果を見ると，ムラが解消されると同時に，813 lx という基準をクリアする明るさを得ることができた（図7c）。

　この様に，非結像の「照明光学系」の設計では，緻密な近軸パワー配置の検討を行う「結像光学系」とは異なり，大まかな方針を定めて比較的初期の設計段階からシミュレーションソフトを利用した方が，照度ムラなどについて目視で感覚的に理解をすることが可能であることから，結果的に早く良好な設計レベルに到達できることが多い。また，「照明 SimulatorCAD」では，実

際に目で見た場合の色付きも確認できるため，LEDの蛍光剤に起因した黄色の発色ムラについても試作前に確認することができる。

3 LEDユニットと街路灯

次に街路などの屋外に於ける灯具について，考察をしてみる。屋外照明で利用されることで多いのが，防犯設備協会の設置基準である。この防犯灯の照度基準を表1に示した。

この基準では，「生活道路等の水平面照度の測定位置」，「生活道路等の鉛直面照度の測定位置」も明記されているので，これに基づいて評価面を配置してシミュレーション結果を検討，性能を判断することができる。

事例として，近年多く見受けられる様になった，複数のLEDと反射ユニットを配置した街路灯の場合を考える（図8）。

蒲鉾型の反射基材に5個4列のユニットを並べてみる。ひとつのユニットの特性値はカタログデータから読み取り利用することができるが，「IESNA」データとして入手または実測できれば，容易に光源ユニット単位の特性として「照明simulatorCAD」に数値設定することができる。

表1

クラス	照明の効果	平均水平面照度	道路中心線上の鉛直面照度の最小値（※）
A	4m先の歩行者の顔の概要が識別できる。	5 lx 以上	1 lx 以上
B	4m先の歩行者の挙動・姿勢などがわかる。	3 lx 以上	0.5 lx 以上

※：道路の道路軸に沿った中心線上で，道路面から1.5mの高さの道路軸に直角な面の照度（鉛直面照度）の最小値。

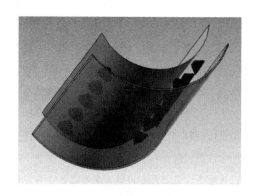
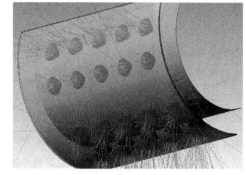

図8

第12章 照明シミュレーション

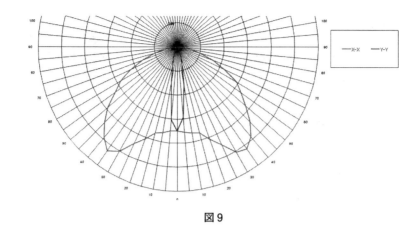

図9

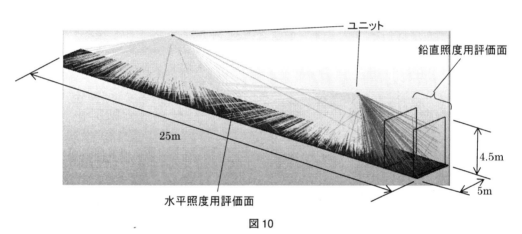

図10

　まず，灯具直近真下の光度分布のシミュレーション結果を利用して，配向特性をマッピングして調べる（図9）。この角度分布からおおよその灯具配置を予測する。

　次に，設置基準に準拠した水平，鉛直の各評価面配置をとる（図10）。今回は2つの灯具を同じ高さで配置した街路灯の配置を考える。

　水平面及び，鉛直面3箇所の評価面についてシミュレートを行った。鉛直面の場合は道路面から受ける反射光も重要なファクターとなる。従って，道路面でもある水平照度評価面に反射率を設定した。「照明SimulatorCAD」では，この様に，評価面に反射率や拡散度のレベルを設定することや，同時に複数の評価面をセットして，最も計算時間を要するモンテカルロ法による光線追跡計算を一回に留めることが可能となった。PCの性能向上がシミュレータの性能向上に寄与した代表的な事例であると言える。

　結果を見ると，道路中心から高さ1.5mの鉛直面の照度値が，防犯灯から4mで28.2 lx，8mで10.7 lx，12mで3.1 lxとなり，十分に基準をクリアしていることが分かった（図11）。

　また，道路上の水平照度面分布，及びその結果を細かく出力したCSVデータの数表でも，ク

157

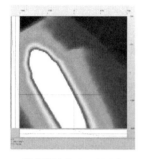 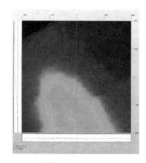 

防犯灯から 4m:28.2 lx　　　防犯灯から 8m:10.7 lx　　　防犯灯から 12m:3.1 lx

図11

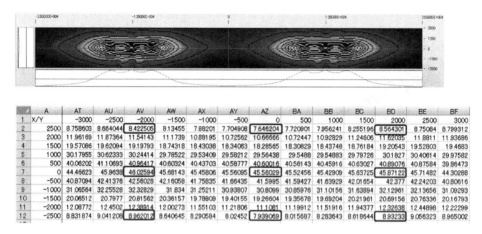

図12

ラス A の 5 lx 以上の数値をクリアしていることが分かる（図12）。こうして，総合的に本灯具の配置には，問題が無く実用に相応しいという判断をすることができた。

おわりに

本章では，第11章でも紹介された最新のソフトウエアである「照明SimulatorCAD」を使用したシミュレーション結果を全ての事例に利用した。紙面の都合で，ライトガイドを利用した場合の輝度分布やハーフミラーを利用した場合の照明系など，いくつかの事例については割愛した。これらについては，㈱ベストメディアのWebサイトで随時更新され，チュートリアル資料や動画による事例として紹介されているので，合わせて参考とされたい。

第12章　照明シミュレーション

参　　考

1) 「照明 SimulatorCAD」について
   株式会社ベストメディア，商品開発部，TEL03-3206-5436，http://www.bestmedia.co.jp/
2) LED について
   日亜化学工業株式会社，http://www.nichia.co.jp/
3) LSD について
   ㈱オプティカルソリューションズ，http://www.osc-japan.com/

第 3 編　LED 照明の評価

第13章　LED照明の測光技術

岩永敏秀*

はじめに

照明用光源で照らされる環境の明るさや雰囲気，省エネ性能などを定量的に評価するためには，測光・測色を行うことが必要となる。一方，LED照明は，従来照明との様々な特性の違いを十分考慮して測定する必要がある。本章では，LED単体やLED照明器具などの測光方法，測光上の注意点や実際の測定システム例などについて解説を行う。

1　測光の概要

光束，照度，光度などの測光量に関する測定を測光という。ここでは，測光量の基本となる光束の定義について説明する。照度や光度などの測光量の詳細は文献を参照されたい[1,2]。

1.1　視感度と光束

光源から放射された光の中で，人間の眼に感じることができる光の波長領域は360〜830nmの範囲[注]（可視光）だが，眼の光に対する感度は波長によって異なっている。この感覚量には個人差があるので，CIE（国際照明委員会）において正常な視覚を持った人の感覚量の平均的な値を求めて，図1に示すような標準分光視感効率（標準比視感度，$V(\lambda)$特性ともいう）が定められている。光束は，光源からの分光放射束を標準分光視感効率と最大視感効果度で評価した量として定義される（図2）。全ての測光量は，光束を基に導くことができ，人間の眼の感度の重み付けがされていると考えることができる（たとえば，照度は，単位面積当たりに入射する光束で定義される）。

注）　実用上，380nm〜780nmの範囲とすることもある。

---

*　Toshihide Iwanaga　東京都立産業技術研究センター　開発本部　開発第1部　光音技術グループ　主任研究員

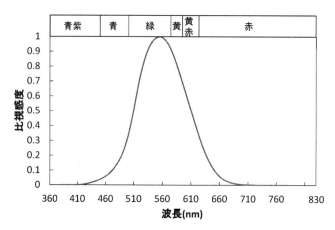

図1 標準分光視感効率（標準比視感度）
人間の眼の波長（色）に関する感度特性を表す。人間は波長555nmの光を最も明るく感じることが分かる。

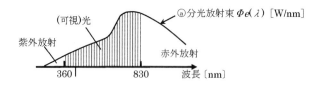

$$\Phi = K_m \int_\lambda \Phi_e(\lambda) V(\lambda) d\lambda$$

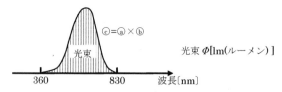

図2 光束の定義
光源の分光放射束に標準分光視感効率の重み付けをして，最大視感効果度（$K_m = 683$ lm/W）を掛け合わせた量が光束になる。

第 13 章　LED 照明の測光技術

2　LED 単体の測光・測色

2.1　概要

　LED の測光・測色は，従来光源（電球や蛍光ランプ）の測光・測色技術が基本となるが，LED の特性を考慮して測定する必要がある。LED 単体（砲弾型 LED や表面実装型 LED）に関する測光方法の規格として JIS C8152-1[3] やその基となる技術報告 CIE127[4] がある。ここでは，上記規格を紹介しながら，LED 単体の測光・測色を行う上で注意する事項について述べる。

2.2　LED 単体の光度測定

　LED は，形状，寸法，配光特性について多種多様なものが製品化されている。また，素子単体の出力は小さいために，測光距離を長く設定することができず，測定条件による光度の測定値のばらつきが大きい要因となっていた。このため，JIS C8152-1 および CIE127 では，「CIE 平均化 LED 光度」という新しい測光量を導入している。測定の幾何学的条件を図 3 に示す。測定の視野（立体角）を固定することで，測定の再現性を高めた測定方法といえる。ただし，本来の光度とは異なる値となるので，注意する必要がある。CIE 平均化 LED 光度は，標準 LED との比較測定により，次式から算出する。

$$I_t = k \times \frac{i_t}{i_s} \times I_s \tag{1}$$

　k：色補正係数（標準 LED と被測定 LED が同スペクトルの場合は 1）
　I_t：被測定 LED の CIE 平均化 LED 光度
　I_s：標準 LED の CIE 平均化 LED 光度

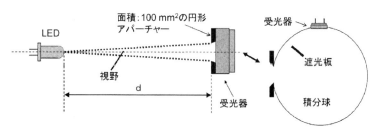

測定条件	受光器アパーチャ面積 mm²	測定距離 d mm	設定される視野（立体角）sr
コンディション A	100	316	0.001
コンディション B		100	0.01

図 3　CIE 平均化 LED 光度の測定条件
測光距離と受光器の受光面積を規定することにより視野（立体角）を一定にしている。
視野を固定して，測定の再現性を高めた測定方法といえる。

i_t：被測定 LED の受光器出力

i_s：標準 LED の受光器出力

色補正係数については，後述する。測定の再現性を確保するためには，CIE 平均化 LED 光度の条件で測定するとともに，標準 LED との比較測定を行うことが必要である。標準 LED は，国家標準トレーサブルなものが求められ，JCSS（校正事業者登録制度）の校正事業者で値付けをすることができる。

2.3 LED 単体の全光束測定

通常，球形光束計（積分球）を使って測定する（図4）。JIS C8152-1 では，CIE 平均化 LED 光度同様，全光束の値がついた標準 LED との比較測定により次式から算出するように定められている。

$$\Phi_t = \alpha \times k \times \frac{i_t}{i_s} \times \Phi_s \tag{2}$$

Φ_t：被測定 LED の全光束

Φ_s：標準 LED の全光束

i_t：被測定 LED の受光器出力

i_s：標準 LED の受光器出力

α：自己吸収補正係数（標準 LED と被測定 LED が同形状の場合は 1）

k：色補正係数（標準 LED と被測定 LED が同スペクトルの場合は 1）

球形光束計は，次式に示すように積分球内壁に設置された受光器の出力（積分球内壁の照度に比例した量）が被測定光源の全光束に比例することを利用した測定装置である。

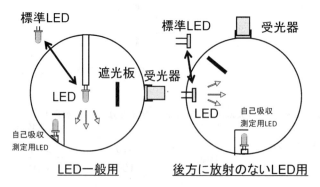

図4 LED の全光束の測定条件

積分球の直径は 100mm 以上（後方に放射のない LED では，60mm 以上）を必要とする。標準 LED との比較測定により，全光束を算出する。

第13章 LED照明の測光技術

$$E \propto \frac{\rho}{1-\rho} \frac{\Phi}{S} \tag{3}$$

E：積分球内壁の照度（lx）
ρ：積分球内壁の反射率
Φ：光源の全光束（lm）
S：積分球内壁の表面積（m²）

(3)式は，厳密には積分球内に障害物が何もなく，内壁の反射率が均一の場合に成立する式である。しかし実際の測定では，被測定光源，遮光板や光源設置のための治具などの存在や内壁の塗装むらなどによって誤差が生じる。この内，標準光源と被測定光源の形状・大きさ・吸収特性等が異なる場合に生じる誤差を自己吸収誤差という。この誤差を補正するための係数を自己吸収補正係数といい，積分球内に設置した自己吸収測定用光源を使用して，次式から求める。

$$\alpha = \frac{i_{s1}/i_{s0}}{i_{t1}/i_{t0}} \tag{4}$$

i_{s0}：標準 LED と同じ分光分布の自己吸収測定用 LED を点灯して，標準 LED を積分球に設置しない場合の受光器出力

i_{s1}：標準 LED と同じ分光分布の自己吸収測定用 LED を点灯して，標準 LED を積分球に設置した場合の受光器出力

i_{t0}：被測定 LED と同じ分光分布の自己吸収測定用 LED を点灯して，被測定 LED を積分球に設置しない場合の受光器出力

i_{t1}：被測定 LED と同じ分光分布の自己吸収測定用 LED を点灯して，被測定 LED を積分球に設置した場合の受光器出力

全光束は，積分球の中心に光源をおいて測定をすることが基本となるが，後方に放射のない LED の場合は，積分球の壁面に LED をおいて測定できる（図4右）。積分球の大きさが小さいと被測定光源，遮光板や光源設置のための治具などの積分球内に占める割合が増加し，(3)式の比例式からのずれによる誤差が大きくなるので，JIS C8152-1 で決められた大きさ以上の積分球を用いる必要がある。

2.4 異色測光誤差

LED の測光で特に注意する点として異色測光誤差がある。異色測光誤差とは，光源の色（正確には分光分布）に依存した測光誤差をいうが，受光器（照度計や $V(\lambda)$ 近似センサーなど）の $V(\lambda)$ 特性（標準分光視感効率）からのずれが原因となって生じる。すなわち，照度や光度のような測光値 F は，最大視感効果度 K_m（$= 683$ lm/W），被測定光源の分光分布（例えば，F が照度の場合，分光放射照度になる）$P(\lambda)$ および $V(\lambda)$ から次式で定義される。

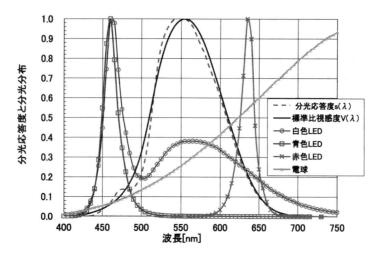

受光器（一般形AA級照度計）の例
電球の誤差：0.001%　　青色LEDの誤差：7.5%
白色LEDの誤差：1.5%　　赤色LEDの誤差：3.0%

図5　異色測光誤差の例

有色LEDのように，可視光域の限定された波長域に発光する光源では，$V(\lambda)$と$s(\lambda)$のズレによる影響が顕著になるので，特に異色測光誤差が大きくなる。

$$F = K_m \int_\lambda P(\lambda)V(\lambda)d\lambda \tag{5}$$

しかし，実際の測光においては，$V(\lambda)$に近似した分光応答度$s(\lambda)$を持つ受光器を用いて，次式から算出される。

$$F' = K_m \int_\lambda P(\lambda)s(\lambda)d\lambda \tag{6}$$

$s(\lambda)$は$V(\lambda)$に近似しているが完全には一致していないため，そのずれによる誤差が生じる。被測定光源がLED（特に青色や赤色のLED）の場合，電球を測定する場合に比べて，測光誤差が大きくなる（図5に一般形AA級照度計[5]による測光誤差の例を示す）。異色測光誤差が大きい場合，色補正係数を使って補正することが必要となる。色補正係数は，次式で求めることができる。

$$k = \frac{\int_{360}^{830} P_t(\lambda)V(\lambda)d\lambda}{\int_{360}^{830} P_s(\lambda)V(\lambda)d\lambda} \times \frac{\int_{360}^{830} P_s(\lambda)s(\lambda)d\lambda}{\int_{360}^{830} P_t(\lambda)s(\lambda)d\lambda} \tag{7}$$

$P_t(\lambda)$：被測定LEDの相対分光分布
$P_s(\lambda)$：受光器を校正した標準光源の相対分光分布

第13章　LED照明の測光技術

　$V(\lambda)$：標準分光視感効率
　$s(\lambda)$：受光器の相対分光応答度

3　LEDモジュールやLED照明器具の測光・測色

3.1　概要

　LEDモジュール，LEDランプやLED照明器具（以下，LED照明器具等）の測定規格として次のようなものがある。LEDモジュールの全光束および光源色の測定方法について，JIS C8152-2[6]が新しく制定された。電球形LEDランプの測光方法について，JIS C7801[7]が適用できる。また，JIS C8105-5[8]は，LED照明器具を含めた照明器具の配光測定，球帯係数法による全光束の測定，ビームの開き，ビーム光束の測定に適用できる。LED照明器具の測光については，国際的にも議論が活発化しており，CIE（国際照明委員会）のTC（技術委員会）などでも規格化に向けて活動が続いている[9]。LED照明器具等を測定する場合，異色測光誤差，LEDの急峻な配光，形状や大きさ，温度条件などに注意して測定する必要がある。光度測定や配光測定などでは，迷光（目的とする光以外の光が受光器に入射すること）の影響も大きいので，適切な除去が必要である。また，従来光源やLED単体と同じく，国家標準とのトレーサビリティが確立した標準光源（光度や全光束などの基準となる光源）との比較測定に依ることが測定の基本となる。

3.2　LEDの温度特性

　LEDチップはジャンクション温度によって測光量や分光分布が変化することがよく知られている。LED照明器具の構成部材の放熱性によっては，LEDチップ温度が安定するまでの時間す

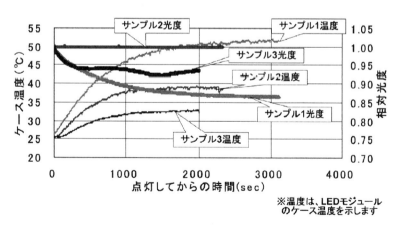

図6　LED照明器具の温度-光出力特性
サンプル2では，点灯直後からの光度変化がほとんどないが，サンプル1では，温度上昇に伴って1時間近くも光度が安定しないことが分かる。

なわち明るさが安定するまでの時間が非常に長くなる場合がある．図6にいくつかのLED照明器具の温度-光出力特性の測定例を示す．この例のように照明器具によっては，十分な安定時間を見て測定する必要がある．JIS C8105-5では，5分間隔で光度を測定し，連続した3回の光度の変化が1%以下になるように安定時間をとるといった例示がある．また，周囲温度によっても明るさが変化するため，周囲温度の管理も重要となる．

3.3 光度・配光測定の注意点
3.3.1 逆二乗の法則からの外れ

LEDモジュールやLED照明器具の場合，CIE平均化LED光度ではなく，通常の光度の条件で測定を行う（LEDモジュールの光度測定については，JIS C8152に一部記載がある）．光度は，逆二乗の法則を使って照度から算出する．逆二乗の法則とは，均等点光源（すべての方向に均一に光を発する点光源）の光度が$I[\mathrm{cd}]$であるとき，$r[\mathrm{m}]$の距離における光の方向に垂直な面上の照度$E[\mathrm{lx}]$が次式で表せるという法則である．

$$E = \frac{I}{r^2} \tag{8}$$

この法則から，照度測定を行うことで光度を算出できる．ただし，この法則は厳密には均等点光源にしか成立しないので，大きさの無視できない光源やレンズ・反射板等を持った光源では逆二乗の法則からの外れが生じる．その場合でも十分に測光距離（光源と受光器の距離）を大きくすることによって，光源の大きさ等が無視でき，逆二乗の法則が近似的に成立するようになる．JIS C8152では，光源の発光部の寸法の10倍，受光器の開口部の寸法の10倍，1mの内，最も大きい距離以上での測定を規定している．また，JIS C8105-5では光源の長さの5倍以上の距離で測定することが望ましいとされている．レンズや反射鏡などを組み合わせた光源の場合は，さらに測光距離を長くする必要がある[10]．

3.3.2 LEDの指向特性

LEDの指向性が強い場合，図7に示すように設置した光源の軸と測光軸がずれることによる測光誤差が大きくなる．図7に示すLEDモジュール測定例では，1°の角度ずれで11%もの光度変化が生じている．このような製品の光度や照度を測定する場合は，より精密な軸合わせが必要となる．

光源の軸合わせには，通常，原点糸を使った方法[11]やレーザー墨出し器を用いた方法が用いられるが，より精密な軸合わせには，CCDカメラを利用した方法[12]や測量器（トランシット）を利用した方法[10]などが考えられる．

3.4 全光束測定の注意点

球形光束計（積分球）または配光測定装置によって測定する．従来光源ではランプは球形光束

第13章　LED 照明の測光技術

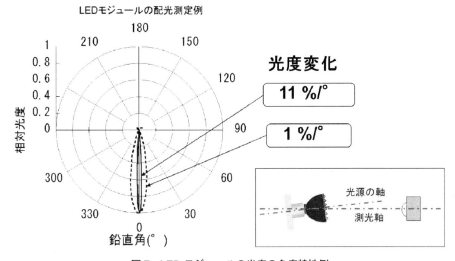

図7　LED モジュールの光度の角度特性例
指向角が4°と10°（半値全角）のLEDモジュールの配光曲線を示す。4°のものでは，測光方向が1°ずれると11%の光度変化が生じてしまう。

計，照明器具は配光から算出することとなっていて，LED 照明器具および LED ランプもそれに準じる。積分球による測定の場合，積分球の大きさに比較して大きな光源を測定する際，2.3 で述べたように積分球の効率が変化する可能性があるため，注意する必要がある。JIS C7607[13]には，積分球の内径が被測定ランプの最大寸法の1.2倍以上という規定がある。また，北米照明学会の規格 IES LM 79-08[14]では，照明器具の表面積は積分球内壁の表面積の2%以内（直径2mの積分球で直径30 cm の球形のランプを測定する場合に相当する）であることが推奨されていて，参考とすることができる。

指向性のある光源を測定する場合は，積分球内壁の塗装むら，遮光板，設置治具，積分球の開閉部などによる感度むらに起因する誤差が生じることがある[15, 16]。それを避けるため，感度むらの原因となる設置物等の面積をなるべく小さくするとともに感度むらのある部分へ被測定光源の光を向けないようにすることが望ましい。

積分球＋$V(\lambda)$受光器の組み合わせで全光束を測定する場合，他の測定項目同様，異色測光誤差を考慮する必要がある（特に有色光源）。補正には色補正係数を求める必要があるが，積分球の場合，積分球内壁の反射率や受光器窓の透過率の波長依存性によって係数の求め方が複雑になり[7]，一般的ではない。$V(\lambda)$受光器の代わりに分光器を用いることで異色測光誤差を避けることができ，有用である。分光器を用いた場合，標準光源の相対分光分布を知ることが必須となる。全光束値は，次式から算出できる。

$$\Phi_t = \Phi_s \alpha \frac{\sum_{380}^{780} S_S(\lambda)[r_t(\lambda)/r_S(\lambda)]V(\lambda)\Delta\lambda}{\sum_{380}^{780} S_S(\lambda)V(\lambda)\Delta\lambda} \qquad (9)$$

$\Phi_t(\lambda)$ ：被測定光源の全光束

$\Phi_s(\lambda)$ ：標準光源の全光束

$r_t(\lambda)$ ：被測定光源による分光測光器の読み

$r_S(\lambda)$ ：標準光源による分光測光器の読み

$S_S(\lambda)$ ：標準光源の相対分光分布

α ：自己吸収係数

$\Delta\lambda$ ：測定波長間隔

配光測定から全光束を算出する場合は，球帯係数法を用い，各方向の光度から全光束を算出する[7]。

4 LED 測光システムの例

4.1 光源の測光システム

当センターで開発した測光システム例[10]を図8に示す。LED モジュールや電球形 LED ランプなどの照度，光度，配光測定を行うことができる。測光距離を5mまでとることができるので，十分な距離での測光を行うことができる。

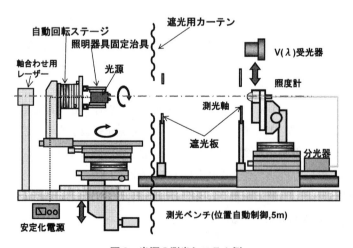

図8 光源の測光システム例
測光ベンチ，光源設置部，受光器部等で構成されている。任意の距離（0.6～5m）での照度，光度，配光測定に対応できる。

第13章　LED照明の測光技術

表1　異色測光誤差の低減

測光システムで使用している受光器は，従来の受光器に比べて$V(\lambda)$特性への一致度を高め，LEDを測定する際の異色測光誤差を抑えている。

	従来の受光器	今回製作した受光器	
		フィルター型	積分球型
f_1'	6.76	3.74	1.69
白色LED	1.5%	0.5%	0.2%
青色LED	7.5%	2.3%	2.0%
赤色LED	3.0%	1.8%	1.5%

※f_1'は，標準分光視感効率（$V(\lambda)$特性）からの外れを示し，値が小さいほど$V(\lambda)$特性への一致度が高くなる。

本システムで用いている$V(\lambda)$受光器は，表1に示すように従来使用していた受光器（JIS C1609-1の一般形AA級照度計レベル）に比べて$V(\lambda)$特性への一致度を高めたもので異色測光誤差を低減している。$V(\lambda)$受光器は，シリコンフォトダイオード，色ガラスフィルター，拡散板などを組み合わせて製作される。フォトダイオードの分光応答度とフィルターの分光透過率の最適化を図ることで$V(\lambda)$特性への一致度を高めることができる[17,18]。本システムでは，さらにマルチチャンネル型分光器により，色補正を行うことができる構成となっている。

4.2　全光束測定システム

当センターで保有する全光束測定システムを図9に示す。LEDモジュールやLEDを使ったランプなどの全光束測定を行うことができる。積分球の直径は約1.6mおよび約1.9mの2種類を保有していて，40W型蛍光灯程度までの長さの光源に対応することができる。$V(\lambda)$受光器に加えて，マルチチャンネル型分光器による測定を行うことができ，異色測光誤差を避けることができる。また，温度センサーを備えており，積分球内の温度をモニターしながらの測定が可能となっている。

4.3　配光測定システム

当センターで保有する配光測定システムを図10に示す。長さ1.2m程度までのLED照明器具の配光測定および球帯係数法による全光束算出を行うことができる。

おわりに

LEDが照明に利用されるようになり，従来に比べて，様々なデザインの照明器具が製品化されてきている。測光分野では，多様な製品群をどのように測定していくかということが大きな課題と考えられ，測定方法の標準化につながる技術開発や比較測定の基準となる光源の開発[19]などが望まれている。

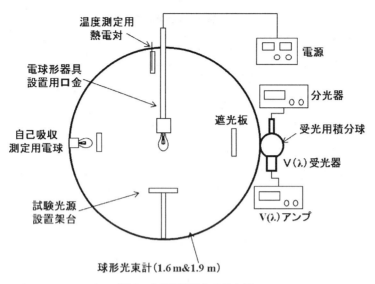

図9 全光束測定システム例
40W型蛍光灯程度の大きさのランプまで対応できる。分光器を組み合わせることで異色測光誤差を低減した測定も可能である。

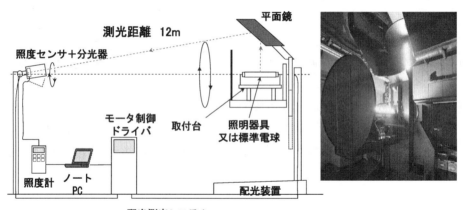

図10 配光測定システム例
平面鏡回転式の配光装置である。照明器具の姿勢を一定に保ったまま、測定できる。測光距離は約12mで、40W型蛍光灯程度の長さの照明器具に対応できる。

文　献

1) 照明学会編,「光の計測マニュアル」, 日本理工出版会, pp.10-13, 242-255（1990）
2) 照明学会編,「照明工学（新版）」, オーム社, pp.3-8（1997）
3) JIS C8152-1,「照明用白色発光ダイオード（LED）の測光方法―第1部：LEDパッケージ」

第13章　LED照明の測光技術

(2012)
4) CIE127,"Measurement of LEDs"(2007)
5) JIS C1609-1,「照度計　第1部：一般計量器」(2006)
6) JIS C8152-2,「照明用白色発光ダイオード（LED）の測光方法—第2部：LEDモジュール及びLEDライトエンジン」(2012)
7) JIS C7801,「一般照明用光源の測光方法」(2009)
8) JIS C8105-5,「照明器具-第5部：配光測定方法」(2011)
9) 日本照明委員会誌，第4号，p.146(2011)
10) 岩永敏秀，山本哲雄，中村広隆，「照明用LEDモジュールの光学特性測定システムの開発」，東京都立産業技術研究センター研究報告，第2号 pp.34-37(2007)
11) 照明学会編，「光の計測マニュアル」，日本理工出版会，pp.182-183(1990)
12) 永井伸明，白井照光，神門賢二，齋藤一郎，「JEMICにおける発光ダイオードの光度・全光束測定装置の開発」，平成21年度照明学会全国大会講演論文集，p.200(2009)
13) JIS C7607,「測光標準用放電ランプの全光束測定方法」(1991)
14) IES LM 79-08,"Approved Method：Electrical and Photometric Measurements of Solid-State Lighting Products"(2008)
15) Y. Ohno and R. O. Daubach,"Integrating Sphere Simulation on Spatial Nonuniformity Errors in Luminous Flux Measurement", J. IES, 30-1, pp.105-115(2001)
16) 岩永敏秀，山本哲雄，中村広隆，「球形光束計感度むらによる測光誤差の考察」，平成21年度照明学会全国大会講演論文集，p.204(2009)
17) 齋藤一朗，受光器による実用測光標準の設定に関する研究，電子技術総合研究所研究報告，No.803 pp.56-60(1979)
18) 照明学会編，「光の計測マニュアル」，日本理工出版会，pp.106-112(1990)
19) 丹羽ほか，「分光全放射束標準開発の現状」，平成23年度照明学会全国大会講演論文集，pp.238-239(2011)

第14章 演色性評価

中村広隆[*]

　LED照明と白熱電球を用いて，それぞれ同じ物体を照明してみると，色の見えは完全に同じではなく異なって見える。このように，照明光によって物体の色の見えが変化することを演色性といい，照明用光源の重要な評価項目の一つとなっている。本章では，色覚のメカニズム，表色系，演色評価数の計算方法などを紹介する。

1　光と色

　光は電磁波であり，電磁波は宇宙線から低周波まで，その波長範囲は広い。この電磁波の中で，人間が知覚できる範囲の電磁波を可視光と呼び，その光の波長は，短波長端が360～400nm，長波長端が760～830nmである。人間は，昼間の太陽光や照明光を白色，朝日や夕日の光を暖色，太陽光に照らされた植物の葉を緑色など，可視光を色として知覚することができる。太陽光や照明光などの光は，各波長（単色光）に分けて見ることができる。この分光法の一つとして，プリズムによる光の分散がある（図1）。これは，太陽光などをプリズムの左から入射すると，右側に出てくる光は虹色に分光された光が出てくる。この各色は，波長と対応しており，この波長ごとの光のエネルギー量を示したものを分光分布と呼んでいる（図2）。この分光分布を測定することで，太陽光やLED光源，蛍光灯などの各種光源の発光特性を知ることができる。

　日常目にする色の中でも，太陽光やLED照明のような光源からでる光の色を光源色という。また，物に当たって反射したり，透過したりした光の色を物体色という。物体色の場合，色の見え方は，その物体の分光的な反射特性や透過特性のほか，光源からの光の分光分布に左右される。

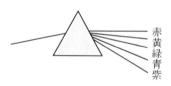

図1　プリズムによる分光の例

---

*　Hirotaka Nakamura　東京都立産業技術研究センター　開発本部　開発第1部　光音技術グループ　副主任研究員

第14章　演色性評価

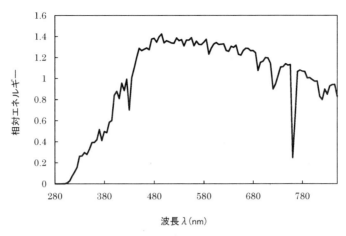

図2　太陽光の分光分布の例

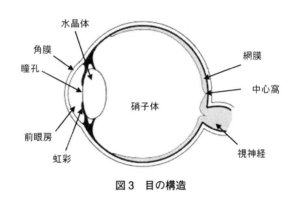

図3　目の構造

2　視覚系の仕組み

　人間は，目で光を受光し，明るさや色を識別する。光を感受する組織は，網膜上の視細胞であり，2種類の視細胞がある。一つは，明るさだけを感じる桿体であり，もう一つは，明るさの他にも色も感じる錐体である。桿体は，高感度であるが色を識別できない。錐体はさらに3種類に区別することができ，それぞれ赤・緑・青の色（波長域）の光に応答する。明るさに対する感度は桿体よりも低い。人間は，周囲の明るさに応じて自動的にこれらを使い分けている。外から眼球内に入射した光は，神経節細胞等の各種細胞の隙間を通過して，視細胞に到達する。視細胞は，この光を感受して電気的信号を発生し，視神経によって脳に伝えられる（図3，4）。網膜上の中心窩には錐体が密集しており，その周囲から網膜全体にかけては桿体が圧倒的に多い。また，明るさに対する目の感度は，波長により異なる。波長 λ での目の感度を，最大値を1として規格化したものをCIE（国際照明委員会）では，標準分光視感効率（標準比視感度）として定義して

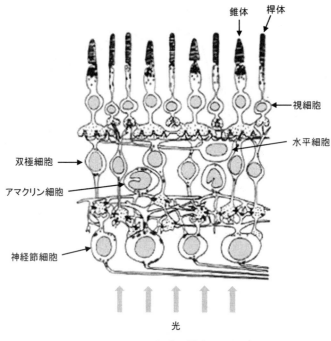

図4　網膜の構造

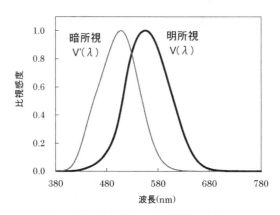

図5　標準分光視感効率（標準比視感度）
明所視と暗所視の標準比視感度をそれぞれ $V(\lambda)$，$V'(\lambda)$ で表す。

いる。また，暗所と明所ではその波長域や最大感度を得る波長が異なり，それぞれ，明所視，暗所視という（図5）。これは明所では錐体が，暗所では桿体が働くためと考えられる。明所視と暗所視の中間の明るさの場合，錐体と桿体の双方が働いており，この状態を薄明視という。

第 14 章　演色性評価

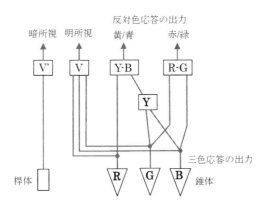

図 6　段階説による色覚モデルの例

3　色覚メカニズム

　人がどのような仕組みで光を色として感じているのか，実験や経験等を踏まえて，その色覚のメカニズムについてのいくつかの仮説が提案されてきた．その中で，有力な仮説としては，1802年にヤング（Young）が提案し，1894年にヘルムホルツ（Helmholtz）が定量化した三原色説と1878年ヘーリング（Hering）により提案された反対色説がある．三原色説と反対色説は，いずれも経験的事実に基づいて提案されており，様々な色覚現象を説明できるため，どちらが実際の色覚機構に対応しているか判別が困難である．その後の研究から，網膜の細胞組織の分光吸収スペクトルの測定が可能となり，三原色説が仮定しているようなピーク波長が異なる三種類の錐体の存在が確認された．一方で，網膜内の電位のスペクトル応答からは，反対色的な応答が得られることがわかった．現在では，三原色説と反対色説は，段階説として統合され，錐状体で三原色応答により発生した電気信号が，後段の各種細胞で反対色説に従うような信号処理を受けて脳に伝達されると一般に考えられている（図6）．

4　表色系

　色を記号や数字を用いて定量的に表示することを表色といい，そのための体系を表色系という．表色系には，色票などの色の見えに基づいて体系化された顕色系と，基準の色光の組合せで任意の色を定量的に表示する混色系の2種類ある．

　混色系は，ある色と等色（同じ色に見えること）するのに必要な色光の混合量に基づいており，分光測色法により，高精度で任意の色刺激に対して表色できる．混色系には，色光の混合で別の色をつくる加法混色と，光の吸収媒質の重ね合わせによって得られる減法混色とがある．

　ここでは，演色性の定量化の基礎となっている，加法混色による等色実験，混色系の RGB 表色系および XYZ 表色系，uv 色度図，CIE1964$U^*V^*W^*$ 色空間を紹介する．

LED 照明のアプリケーションと技術

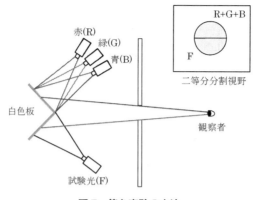

図7　等色実験の方法

4.1　等色実験と三刺激値

色を定量化するために行われた加法混色による等色実験の様子を図7に示す。実験は、赤色光 [R]，緑色光 [G]，青色光 [B] を適当な割合で混合すれば，任意の色を再現できる加法混色に基づいている。二つに折れた白色板の半分に特定の色光（試験光 [F]）を，他の半分に三原色光 [R]，[G]，[B] を投射し，両者が同じ色に見える（境目が無くなる）ように三原色光の調整を行う。ここで，[ ] の記号は，色刺激を表す。試験光と色が一致しているように見えるとき，両者の色は等色条件を満たしている（等色）という。このような実験を等色実験といい，多くの等色実験の結果から，グラスマンの法則として，以下の関係が導かれた。

① 比例則：等色している色光 [A]，[B]（色光 [A] と [B] が等色している時，[A] = [B] と表し，このような式を等色式という）の強度を等倍（n倍）しても等色は成立する。つまり，n[A] = n[B] が成り立つ。

② 加法則：等色している色光 [A]，[B]（[A] = [B]）および色光 [C]，[D]（[C] = [D]）があり，それぞれの色光を加えても，等色は成立する。すなわち，[A] + [B] = [C] + [D] が成り立つ。

③ 置換則：二つの色光 [A]，[B] があり，それぞれが第3の色光 [C] に等色しているとき（[A] = [C]，[B] = [C]），二つの色光 [A]，[B] は等色している。つまり，[A] = [B] が成立する。

これらの関係から，色の表現を通常の数式と同じように扱えることが見い出された。[R]，[G]，[B] の色光を，R'，G'，B'の量だけ混合して，ある試験光 [F] に等色したとすると，等色式は，

$$[F] = R'[R] + G'[G] + B'[B] \tag{1}$$

ここに，

　　[F]，[R]，[G]，[B]：色刺激（色の感覚を引き起こす刺激としての光という意味）

第 14 章 演色性評価

[R], [G], [B]：原刺激（三つの特定の色刺激）
R', G', B'：原刺激 [R], [G], [B] の混合量

で表される。

ここで，基準となる色刺激（基礎刺激）として，等エネルギー白色光 [W] を基礎刺激として考える。等エネルギー白色光とは，全ての波長でエネルギーが等しい光を意味している。この基礎刺激に等色するときの原刺激 [R], [G], [B] の輝度値 L_R, L_G, L_B を明度係数と呼ぶ。式 (2) において，原刺激 [R], [G], [B] の輝度値を L_{RF}, L_{GF}, L_{BF} とすると，この輝度値を明度係数で割った値 $R = L_{RF}/L_R$, $G = L_{GF}/L_G$, $B = L_{BF}/L_B$ を三刺激値と呼び，このとき等色式は次式として得られる。

$$[F] = R[R] + G[G] + B[B]$$
$$[W] = [R] + [G] + [B] \tag{2}$$
$$R = L_{RF}/L_R, \quad G = L_{GF}/L_G, \quad B = L_{BF}/L_B$$

また，ある一定の放射エネルギーで波長 λ の単色光の色刺激 [F_λ] を原刺激 [R], [G], [B] を混合して等色するとき，その三刺激値 R_λ, G_λ, B_λ を等色係数といい，波長の関数として求めた三刺激値 $\bar{r}(\lambda)$, $\bar{g}(\lambda)$, $\bar{b}(\lambda)$ を等色関数と呼ぶ。ここで，ある分光分布 $P(\lambda)$ をもつ光の三刺激値 R, G, B は，単色光の集まりとみなせるので，以下の式によって求められる。

$$R = k \int vis \, P(\lambda) \bar{r}(\lambda) d\lambda$$
$$G = k \int vis \, P(\lambda) \bar{g}(\lambda) d\lambda \tag{3}$$
$$B = k \int vis \, P(\lambda) \bar{b}(\lambda) d\lambda$$

ここで，vis は可視光域，k は定数を表す。こうして得られた三刺激値 R, G, B により，任意の分光分布を持つ光の色を 3 つの値だけで一義的に定めることができる。なお，分光分布が異なる二つの色光において，同じ三刺激値が得られる場合があり，それらは同じ色刺激とみなされる。これをメタメリズムあるいは条件等色という。

4.2 *RGB* 表色系

CIE（国際照明委員会）では，試験光 [F] を単色光とし，混合する三原色光（原刺激）を，[R]：700nm，[G]：546.1nm，[B]：435.8nm と定め，また基礎刺激を等エネルギー白色光として，波長ごとの三刺激 R_λ, G_λ, B_λ を求めた。これにより求めた等色関数 $\bar{r}(\lambda)$, $\bar{g}(\lambda)$, $\bar{b}(\lambda)$ を，標準的な等色関数として定めた（図 8）。この等色関数 $\bar{r}(\lambda)$, $\bar{g}(\lambda)$, $\bar{b}(\lambda)$ で表される表色系を，*RGB* 表色系という *RGB* 表色系の明度係数は，測光量の単位では，$L_R : L_G : L_B =$ 1.0000：4.5907：0.0601 である。*RGB* 表色系では，試験光 [F] の色純度が高いため，*RGB* の組合せでは等色できない色が存在する。この場合，試験光 [F] の側に [R] を混ぜて鮮やかさを低下させることで，[G], [B] と等色できる（式(4)）。*RGB* 表色系の等色関数でマイナスがあるのは

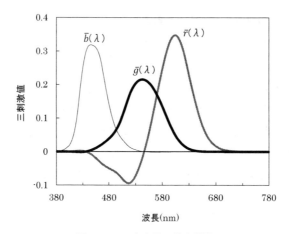

図8 *RGB* 表色系の等色関数

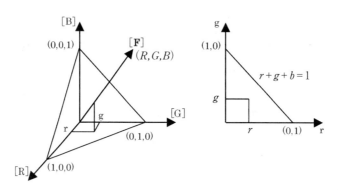

図9 色［F］の三次元表示と色度図

このためである。

$$[F] + R[R] = G[G] + B[B]$$
$$[F] = -R[R] + G[G] + B[B] \tag{4}$$

ところで，［R］，［G］，［B］を，単位ベクトルとみなすと，［F］は三刺激値 (R, G, B) を成分とする三次元空間でのベクトルとして表現される（図9）。この色の表示に用いる三次元空間を色空間という。ここで，［F］を三次元座標として表記するのは扱いづらいため，ベクトル［F］と単位輝度面 $R+G+B=1$ との交点 (r, g, b) を用いる。このとき，r, g, b は次式で表される。

$$\begin{aligned}
r &= R/(R+G+B) \\
g &= G/(R+G+B) \\
b &= B/(R+G+B) = 1-r-g
\end{aligned} \tag{5}$$

このようにすると，(r, g) を用いて全ての色を表すことができる。こうして定めた (r, g)

第14章　演色性評価

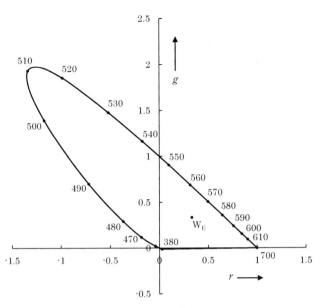

図10　*rg* 色度図
W_E：等エネルギー白色光の色度座標

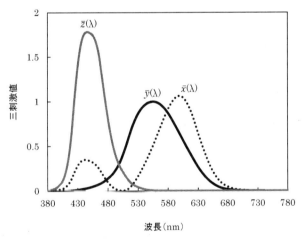

図11　*XYZ* 表色系の等色関数

を色［F］の色度座標といい，色度座標を平面上に示す図を色度図（図10）という。

4.3 *XYZ* 表色系の三刺激値と色度座標

　RGB 表色系は，マイナスの値があり，計算等を行う場合に扱いづらい。これを改善するために，RGB 表色系を代数的な操作により変換して，マイナスの値がない新しい等色関数 $\bar{x}(\lambda)$，$\bar{y}$

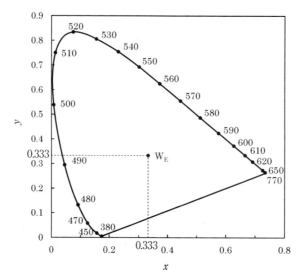

図12　XYZ表色系のxy色度図
W_E：等エネルギー白色光の色度座標

$\bar{x}(\lambda)$, $\bar{z}(\lambda)$ が定められた。この等色関数で表させる表色系が XYZ 表色系（CIE1931 表色系，あるいは 2 度視野 XYZ 表色系）である（図11）。この等色関数を用いて，ある分光分布 $S(\lambda)$ を持つ光の三刺激値 X, Y, Z は，次式で求められる。

$$\begin{aligned} X &= k \int vis\, P(\lambda)\bar{x}(\lambda)d\lambda \\ Y &= k \int vis\, P(\lambda)\bar{y}(\lambda)d\lambda \\ Z &= k \int vis\, P(\lambda)\bar{z}(\lambda)d\lambda \end{aligned} \tag{6}$$

ここで，vis は可視光域，k は定数を表す。また，r, g, b と同様に，

$$\begin{aligned} x &= X/(X+Y+Z) \\ y &= Y/(X+Y+Z) \\ z &= Z/(X+Y+Z) = 1-x-y \end{aligned} \tag{7}$$

とすることで，色度座標 (x, y) が求められ，XYZ 表色系の xy 色度図（図12）を得ることができる。XYZ 表色系の一つの特徴として，$\bar{y}(\lambda)$ を標準分光視感効率（$V(\lambda)$）と一致させたことが挙げられる。

4.4　均等色度図

色の知覚的な差異を定量的に表したものを色差というが，xy 色度図では，色度図上の距離として求めた色差は，その距離が等しくても，場所により知覚的な差が異なる。そこで，輝度の等しい色に対し，色度図上のどの位置においても色度図上の等距離が知覚的に等しい差となる色度

第14章 演色性評価

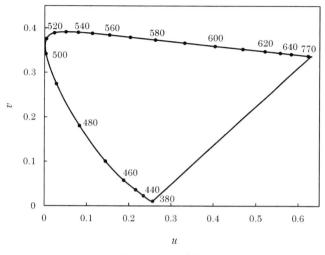

図13 *uv* 色度図

図を，均等色度図と呼ぶ。均等色度図は多くのものが提案されている。CIE は，不均一性がある程度改善され変換式が簡単である CIE（1960）UCS 色度図（*uv* 色度図；図13）を勧告した。この色度座標（*u*, *v*）は，次のように表される。

$$u = 4x/(-2+12y+3) = 4X/(X+15Y+3Z)$$
$$v = 6y/(-2x+12y+3) = 6Y/(X+15Y+3Z) \tag{8}$$

さらに，より均等性が期待されるとして，*v* の値を1.5倍した CIE1976UCS 色度図（*u'v'* 色度図）が勧告された。なお，*uv* 色度図においては，色度の均等性を改善しているが，現在では，後述する色温度や演色評価数の計算に用いられるのみである。

4.5 均等色空間

均等色度図は，xy 色度図の不均等性を改善しているが，明度の均等性は考慮されていない。この明度まで含めた均等な表色系を均等色空間と呼ぶ。CIE は，次式で定義される CIE1964 $U^*V^*W^*$ 色空間（CIE1964 均等色空間）を勧告した。

$$W^* = 25Y^{1/3} - 17$$
$$U^* = 13W^*(u-u_0) \tag{9}$$
$$V^* = 13W^*(v-v_0)$$

ここで，*u*, *v* は物体の色度座標，u_0, v_0 は完全拡散反射面の色度座標である。この均等色空間での2つの測色値（$U1^*$, $V1^*$, $W1^*$）と（$U2^*$, $V2^*$, $W2^*$）の色差 $\varDelta E$ は，

$$\varDelta E = \{(U1^*-U2^*)^2 + (V1^*-V2^*)^2 + (W1^*-W2^*)^2\}^{1/2} \tag{10}$$

と表される。uv色度図のように，CIE1964$U^*V^*W^*$色空間は，演色評価数の計算に用いられるのみである。なお，均等色空間は，このほか種々のものが提案され混乱していたため，これらを整理してCIE1976$L^*a^*b^*$色空間とCIE1976$L^*u^*v^*$色空間が勧告された。両者ともXYZ表色系から変換できる。

5　光源の色の評価

光源の色の評価には，色温度や演色評価数が一般に用いられている。いずれも，光源の分光分布から求めた色度座標(x, y)を用いて計算される[1, 2]。

5.1　色温度

鉄やタングステンなどの不燃物体を加熱すると，次第に赤く光るようになり，さらに加熱すると黄色，白色へと変化する。このような現象をプランクは理論的に解明し，物質の温度と，その温度での放射の分光分布との関係を導き出した。この関係をプランクの放射則と呼び，これに完全に従う理想的な物体を黒体と呼ぶ。ある分光分布をもつ発光体が理想的な黒体であるとき，その絶対温度と熱放射の分光分布が1対1に対応するので，発光体の色の表示（分光分布）はこの絶対温度に対応づけて表すことができる（図14）。ある放射の色度が黒体放射の色度と一致したときの絶対温度を，色温度という。また，白熱電球のように，発光の機構が黒体放射に準じていて分光分布が相似な場合を，分布温度という。さらに，発光機構が異なるなどして色度が一致しない場合に，その放射に色度が最も近い黒体の温度を，相関色温度という。ただし，これらを厳

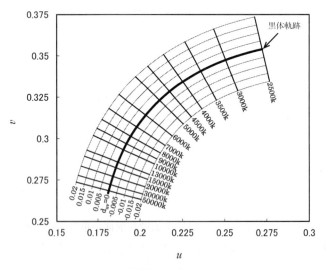

図14　黒体軌跡と等色温度線
2500k，3000kなどの数値は色温度，d_{uv}は黒体軌跡からの外れ度合いを表す。

第14章　演色性評価

密に分けずに，色温度と総称する傾向がある。一般に，白熱電球のような黄色みがかった光は色温度が低く，青白い光は色温度が高い。光源の色温度は，照明された物体やそれらを含む空間から受ける雰囲気などに深く関わるものであり，光源の特徴を表す情報の一つとして利用されている。

5.2　演色性の評価

現在，照明用光源の演色性評価には，通常，演色評価数が用いられている。ここで，演色とは，ある基準となる照明光（基準の光）に対して，他の照明光（試料光源）が物体色の見えに及ぼす影響をいい，また光源に固有な演色についての特性を演色性という。演色評価数は，決められた15種類の各物体色（試験色）に対して，試験光源と基準光源で照らしたときの両者の色ずれの大小から演色性の程度（色の見えの一致度）を数値化したものである。

試験色 No.1～8 は，中明度，中彩度の色で，多くの物体の平均的な色であり，平均演色評価数 R_a を求めるために用いる。試験色 No.9～12 は，赤，黄，緑，青の代表的な高彩度色で，No.13 は白人の肌色，No.14 は木の葉の色である。試験色 No.15 は，日本独自に決めた色であり，日本人女性の平均的な顔の色である。各試験色の分光反射率は定められており，分光反射率の例を図15 に示す。

演色評価数の算出に用いる基準光は，一つではなく，試料光源の相関色温度に応じて，完全放

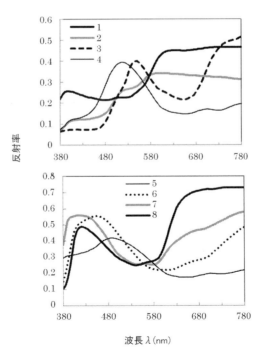

図15　試験色（No.1～No.8）の分光反射率

射体(黒体放射)または CIE 昼光を用いる。相関色温度が 5000K 以上の場合は,相関色温度が同じ CIE 昼光を用い,5000K 未満の場合は,相関色温度が同じ完全放射体を用いる。ただし,蛍光ランプの場合は例外があり,相関色温度が 4600K 以上の昼白色蛍光ランプの場合は,CIE 昼光を用いる。

これらの各試験色の色票に基準光および試料光源を照明したときの各測色値を求め,色差の計算を行うことで,どの程度色ずれしているのかを求めることができる。色差の計算には,CIE1964 均等色空間での測色値 (U^*, V^*, W^*)(式(9))を用いる。

演色評価数の実際の計算方法としては,基準光(添字:r)と試料光源(添字:k)の各分光分布から,三刺激値 (X_r, Y_r, Z_r) および (X_k, Y_k, Z_k) を求め,この三刺激値を式(8)に代入することで基準光と試料光源の色度座標 (u_r, v_r) および (u_k, v_k) をそれぞれ求める。同様に,基準光と試料光源の各分光分布と各試験色(添字:$i=1〜15$)の分光反射率を用いて,三刺激値 ($X_{r,i}$, $Y_{r,i}$, $Z_{r,i}$) および ($X_{k,i}$, $Y_{k,i}$, $Z_{k,i}$) を求め,色度座標 ($u_{r,i}$, $v_{r,i}$) および ($u_{k,i}$, $v_{k,i}$) を得る。

ここで,一般に試料光源と基準光の色度座標とは等しくなく,これによる小さな色差がある。しかし,色順応効果があるため,以下の式により,試料光源の色度座標 (u_k, v_k) 及び各試験色の色度座標 ($u_{k,i}$, $v_{k,i}$) を補正する。この操作により,色順応補正後の試料光源の色度座標 (u_k', v_k') および各試験色の色度座標 ($u_{k,i}'$, $v_{k,i}'$) が求められる。

$$u_k' = u_r, \quad v_k' = v_r$$

$$u_{k,i}' = \frac{10.872 + 0.404\frac{c_r}{c_k}c_{k,i} - 4\frac{d_r}{d_k}d_{k,i}}{16.518 + 1.481\frac{c_r}{c_k}c_{k,i} - \frac{d_r}{d_k}d_{k,i}}, \quad v_{k,i}' = \frac{5.520}{16.518 + 1.481\frac{c_r}{c_k}c_{k,i} - \frac{d_r}{d_k}d_{k,i}} \tag{11}$$

ここで,c, d は,各光源や試験色の添字を省略して,次式で表される。

$$c = \frac{1}{v}(4 - u - 10v)$$

$$d = \frac{1}{v}(1.708v + 0.404 - 1.481u) \tag{12}$$

基準光での各試験色の測色値 ($U_{r,i}^*$, $V_{r,i}^*$, $W_{r,i}^*$) は,色度座標 (u_r, v_r) と,各試験色の三刺激値 $Y_{k,i}$ および色度座標 ($u_{r,i}$, $v_{r,i}$) を式(9)に代入することで,次式で得られる。

$$W_{r,i}^* = 25(Y_{r,i})^{1/3} - 17$$
$$U_{r,i}^* = 13W_{r,i}^*(u_{r,i} - u_r) \tag{13}$$
$$V_{r,i}^* = 13W_{r,i}^*(u_{r,i} - u_r)$$

また,試料光源による各試験色の測色値 ($U_{k,i}^*$, $V_{k,i}^*$, $W_{k,i}^*$) は,各試験色の三刺激値 $Y_{k,i}$ と,

第 14 章　演色性評価

色順応補正後の試料光源の色度座標 $(u_k{}', v_k{}')$ および各試験色の色度座標 $(u_{k,i}{}', v_{k,i}{}')$ を式(9)に代入することで，次式が得られる。

$$\begin{aligned}W_{k,i}{}^* &= 25(Y_{k,i})^{1/3}-17\\ U_{k,i}{}^* &= 13W_{k,i}{}^*(u_{k,i}{}'-u_k{}')\\ V_{k,i}{}^* &= 13W_{k,i}{}^*(v_{k,i}{}'-v_k{}')\end{aligned} \quad (14)$$

この基準の光と試料光源による各試験色の測色値 $(U_{r,i}{}^*, V_{r,i}{}^*, W_{r,i}{}^*)$, $(U_{k,i}{}^*, V_{k,i}{}^*, W_{k,i}{}^*)$ から，CIE1964 均等色空間における各試験色の色差 ΔE_i ($i=1\sim15$) は，次式により求まる。

$$\Delta E_i = \{(U_{r,i}{}^*-U_{k,i}{}^*)^2+(V_{r,i}{}^*-V_{k,i}{}^*)^2+(W_{r,i}{}^*-W_{k,i}{}^*)^2\}^{1/2} \quad (15)$$

15 色の各試験色に対する特殊演色評価数 R_i および平均演色評価数 R_a（試験色 No.1〜8 に対する特殊演色評価数の平均値）は，次式で定義される。

$$\begin{aligned}R_i &= 100-4.6\Delta E_i\\ R_a &= \frac{1}{8}\sum_{i=1}^{8}R_i\end{aligned} \quad (16)$$

いずれも，値が 100 に近いほど，色差が小さく，基準光と試料光源による試験色の色の見えの一致度が高いことを表している。

5.3　演色評価数の数値例

　白熱電球，蛍光ランプ（昼白色），LED（白色，電球色）の演色評価数の数値例を表 1 に示す。この例は，図 16 に示す各光源の分光分布から，5.2（演色性の評価）の手順によって求めたものである。LED 光源や蛍光ランプ HID ランプなどの照明用光源では，発光体および発光素子や蛍光体の種類や組み合わせを変えることで，様々な分光分布の光を作ることができる。現在，LED 光源，蛍光ランプをはじめ，様々な分光分布を持つ照明用光源が使用されている。これら照明用光源や新たに開発された光源の色の評価には，演色評価数が用いられている。一方で，LED 光源の場合，演色評価数は実際の色の見えと一致しないことがあると指摘[3]されており，新たな演色性の評価方法が CIE などで検討[4]されている。

表 1　平均演色評価数と色温度の例

光源の種類	色温度	平均演色評価数
白熱電球	2790	100
蛍光灯（昼白色）	5120	69
LED（白色）	5080	73
LED（電球色）	2750	83

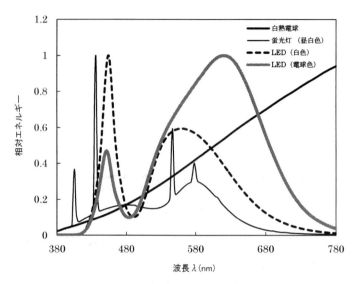

図16　各種光源の分光分布

文　　献

1) JIS Z 8725：1999, 光源の分布温度及び色温度・相関色温度の測定方法
2) JIS Z 8726：1990, 光源の演色性評価方法
3) 戸部和希ほか, 照明学会全国大会講演論文集, No.44, p.231（2011）
4) W. Davis, CIE 197：2011 Proceedings of the 27th Session of the CIE, Volume1, Part1, pp.24-25（2011）
5) 太田登,「色彩工学　第2版」, 東京電機大学出版局（2001）
6) 川上元朗ほか,「色彩の事典」, 朝倉書店（1987）
7) 池田光男,「色彩工学の基礎」, 朝倉書店（1980）

第4編　LED照明用光学部品

第15章 集光レンズ

金井紀文[*]

はじめに

本章では，比較的狭い領域を照射する LED 照明装置において配光制御を担うレンズについて光学設計の観点から解説する。

光学設計では，光源から出射する光をレンズなどの光学素子に通すことで所望の配光を得ることが目的であるため，光源を可能な限り現実に近い状態で取り扱うことが重要となる。また，所望の配光分布や光利用効率に対して，選定した光源と想定の光学系サイズとの関係が妥当であるか否かの見積りも重要である。これらの重要となる内容について解説し，現在主流となっている集光レンズ系の例を紹介する。

1 光源

光学設計を行う上で注目すべき光源の情報としては，波長分布，配光特性（波長ごとの発光特性や光源寸法の情報を含む），全光束が挙げられる。これらの項目それぞれが光学設計にどのように関係するのかを順に解説する。

1.1 波長分布

波長分布（波長成分とその割合）は光の色を決める。白色光源を例にとってみても，青色の LED チップと黄色の蛍光体を組み合わせたものや，紫外の LED チップと赤緑青の蛍光体を組み合わせたもの，赤緑青の LED チップを組みあわせたものなど様々である。光学材料は，それぞれ屈折率が異なるだけではなく，屈折率分散（波長によって屈折率が異なる特性）もあるため，光源の波長分布は光学設計に必要な情報と言える。光源に含まれる波長成分はレンズによって分離されて色ムラとして現れる可能性があるため，波長分布が可視光の広い範囲に及ぶ照明で結像状態やコリメート状態に近い光学系，またはアパーチャ等で光線ケラレが発生するような光学系では特に注意が必要である。また，蛍光体による波長変換を利用している光源では，発光プロセス（LED チップ自体の発光と蛍光発光）の違いにより波長によって発光パターンが異なり，光学系によってはこの発光パターンの違いについても考慮が必要な場合がある。

---

[*] Norifumi Kanai　ナルックス㈱　設計開発部　オプト課　副主任研究員

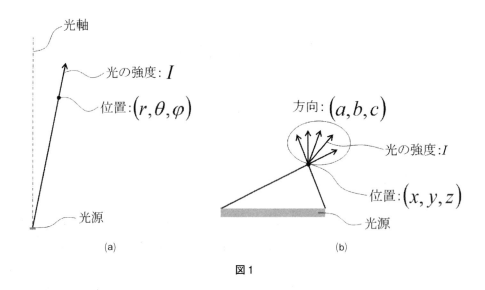

図1

1.2 配光特性

配光特性には,光源から遠く離れた場所での配光特性(ファーフィールド分布)と光源の近くでの配光特性(ニアフィールド分布)の二つがある。

図1(a)に示すように,光源から十分に遠い位置においては,位置が決まれば光線の方向も一意的に決まる。このためファーフィールド分布のデータは,2次元の位置情報(θ, φ)(光源からの距離が十分に遠くrが一定)と光強度情報Iを含んだ3次元のデータである。軸回転対称系の場合は位置情報が1次元となるためファーフィールド分布のデータは2次元となる。ファーフィールド分布のデータは,光源から遠く離れた位置にレンズを配置する場合,もしくはレンズなどの二次光学系なしで使用する場合に参考となるデータと言える。

一方,図1(b)に示すように,光源の近くでは,一つの点にあらゆる方向を向いた光線が入射する。このためニアフィールド分布のデータは,3次元の位置情報(x, y, z)と3次元の光線方向情報(a, b, c),それと光強度情報Iを含んだ7次元のデータとなる。波長ごとに配光特性の異なる光源では,上記7次元に波長情報λを加えた8次元のデータとなる。光源の近くにレンズを配置した光学系を設計する場合にはニアフィールド分布のデータが不可欠となる。

上記のようなニアフィールドデータは光源メーカーから入手可能となってきているが,すべての光源についてデータが存在するわけではないため必要に応じて測定する必要がある。また,ニアフィールドを表現する方法として光源モデリングが用いられることがあるが,光源モデリングでは発光体とそれを取り巻く環境をどれだけ忠実に再現できるかが要となる。

1.3 全光束

全光束とは,人間の目の感度特性(標準比視感度特性)を考慮した測光量であり,光源から発

第 15 章 集光レンズ

せられる光の合計の量のことで，単位はルーメン（lumen：[lm]）である．2.5の手法などにより見積もられる効率を考慮した上で，要求の光量（光度や照度）を実現できるような光源を選択する必要がある．

2 設計可否検討

選定した光源と想定の光学系サイズで所望の配光分布を得るのに十分かどうか，もしくは想定の光学系サイズで要望の配光を得るためにはどのような光源を選択するべきか，といった検討は設計の最も初期の段階で行う必要がある．ここでは一般化 Lagrange 不変量を導入し，一般化 Lagrange 不変量と Straubel の定理が等価であることを示した後，光利用効率と照度分布の概算見積り手法を示す．

2.1 一般化 Lagrange 不変量

空間に任意に取られた座標系 xyz において，面素 $dxdy$ が xy 平面内にあるものとし，面素 $dxdy$ を通過する光線の x 軸に関する方向余弦を p，y 軸に関する方向余弦を q とする．次に，別の空間に任意にとられた座標系 $x'y'z'$ において，同様に面素 $dx'dy'$ が $x'y'$ 平面内にあるものとし，面素 $dxdy$ から発し $dx'dy'$ を通過する光線の x' に関する方向余弦を p'，y' に関する方向余弦を q' とするとき，

$$dL = dxdydpdq = dx'dy'dp'dq' \tag{1}$$

が成り立つ．ただし，各方向余弦はそれぞれの空間における屈折率を乗じた量として定義される．上記関係式は，微小面積 $dxdy$ と，そこから特定の方向に射出する主光線の近傍の小さな広がり角の光束に関する方向余弦との積について成り立つものであり，$dxdy$ からの光束が複数の経路を通って $dx'dy'$ に到達する場合，それらは個々の経路に対応した別々の不変量として区別され，それぞれの経路に関して上記関係式が成り立つ．

一般化 Lagrange 不変量は光線経路が一つに限られる結像光学系の議論に用いられることが多いが，ここでは照明光学系における照度分布の大雑把な見積りを目的として，光線経路が複数ある場合でもそれを無視した（不変量を経路別に扱わない）議論を展開するために用いる．

2.2 一般化 Lagrange 不変量と Straubel の定理の等価性

図 2 の xy 平面内の原点にある光源から射出する光線の x 方向および y 方向の方向余弦 p および q は，

$$\begin{aligned} p &= n \sin\theta \cos\phi \\ q &= n \sin\theta \sin\phi \end{aligned} \tag{2}$$

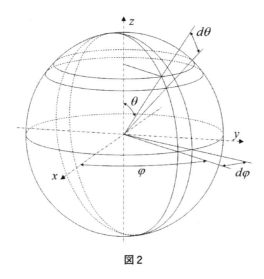

図2

と与えられる。したがって，これらの量に対するLagrangeの不変量 dL は，

$$dL = dxdydpdq$$
$$= dxdy\left[\frac{\partial(p,q)}{\partial(\theta,\phi)}d\theta d\phi\right] \qquad (3)$$
$$= n^2 dxdy \sin\theta \cos\theta d\theta d\phi$$

となる。$\partial(p,q)/\partial(\theta,\phi)$ は(2)式の座標変換に対応するヤコビアンである。$dxdy$ を dA と置き，球座標系における立体角が $d\Omega = \sin\theta d\theta d\phi$ と表されることを用いると(3)式は，

$$dL = n^2 dA \cos\theta d\Omega \qquad (4)$$

となる。これは結像光学系でしばしば扱われるStraubelの定理と等価である。このように，保存量 dL は空間の屈折率の2乗と，光線の通過する面の面積と，その面の法線方向に対する見込み角を θ として $\cos\theta$ と，その見込み角のまわりの立体角に比例する量となっている。これは，光路の途中で吸収や散乱，反射などによる光の損失がないという仮定の下で輝度が保存することを示している。尚，Étendueは dL を積分した量として定義される。

2.3 ランバート光源のÉtendueの計算例

ランバート光源とは，方向によらず輝度が一定となる（発光面の法線方向に対して θ の方向の光度が $\cos\theta$ に比例する）光の分布を持った光源のことである。文献によってはランバーシアンと記述されることもあり，これは上記の分布を示す表現である。青色LEDと黄色蛍光体の組み合わせによる白色LEDに用いられる青色LEDはほとんどこのタイプである。参考のために以下にランバート光源のÉtendue算出について示す。

第 15 章　集光レンズ

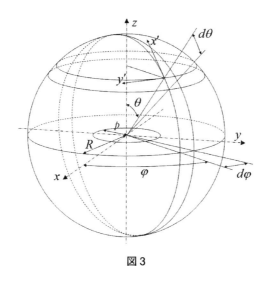

図3

　図3の xy 平面内に，原点を中心とし z 軸方向に光を射出する半径 p の小さな円盤状のランバート光源がある場合，ランバート光源は方向によらず輝度が一定であるため(4)式または(3)式がそのまま適用でき，屈折率を1として，

$$dL = \pi p^2 \sin\theta \cos\theta \, d\theta \, d\phi \tag{5}$$

と書けるので，光源面の法線方向（z 軸）に対し0から θ の範囲内に含まれる光束の Étendue E' は，

$$E' = \int_0^\theta \int_0^{2\pi} dL = (\pi p \sin\theta)^2 \tag{6}$$

と求められる。また，z 軸から外れた領域の Étendue は(6)式の積分範囲を指定することで求められる。

　2.2 で(4)式は輝度の保存を表していると述べたが，(4)式は実際には測光量に比例した量となっておらず，輝度に分布がある場合には分布を含めた保存量を定義して光線経路ごとに計算を進める必要がある。ここでは大雑把な計算を目的としているため，そのような議論は避ける。

2.4　照射効率見積り（1）

　ここでは，Étendue 保存則を用いて，レンズや光学系の大きさを制限しない場合の効率の上限値を与える一般的な見積り手法を示す（光学系の基本的な条件を考慮した見積り手法については 2.5 参照）。

　面積が S_1 でその面の法線方向を基準として立体角 Ω_1 で光束を射出する光源と，面積が S_2 でその面の法線方向を基準として立体角 Ω_2 で光束が照射される照射面を考える。光源と照射面の

いずれも屈折媒体に埋め込まれていないものとすると，保存量は光束の断面積と光束が広がる立体角の積で表され，

$$S_1 \Omega_1 = S_2 \Omega_2 \tag{7}$$

が成り立つ。

このとき，照射面に入射する光束の立体角は

$$\Omega_2 = \frac{S_1 \Omega_1}{S_2} \tag{8}$$

となり，S_2 の面積を Ω_2 より小さい立体角 Ω'_2 で照射することを求められる場合は損失を生じ，概略の効率 η' は，

$$\eta' = \frac{\Omega'_2}{\Omega_2} = \frac{S_2 \Omega'_2}{S_1 \Omega_1} \tag{9}$$

となる。同様に Ω_2 の立体角で S_2 より小さい面積 S'_2 を照射することを求められる場合は損失を生じ，概略の効率 η'' は，

$$\eta'' = \frac{S'_2}{S_2} = \frac{S'_2 \Omega_2}{S_1 \Omega_1} \tag{10}$$

となる。尚，光学面や光学部材での損失については別途考慮する必要がある。

上記議論では単に『立体角』と表記しているが，2.2で述べたように保存量は見込み角に依存する量でもあるので，立体角が大きい場合には上記議論からのずれが大きくなるので注意が必要である。このことは，面の法線に対して角度 θ の範囲の立体角が，

$$\int d\Omega = \int_0^\theta \int_0^{2\pi} \sin\theta \, d\theta \, d\phi = 2\pi(1-\cos\theta) \tag{11}$$

と表される一方，(11)式の被積分関数に $\cos\theta$ を乗じると，

$$\int \cos\theta \, d\Omega = \int_0^\theta \int_0^{2\pi} \cos\theta \sin\theta \, d\theta \, d\phi = \pi \sin^2\theta \tag{12}$$

となることから確かめられる。

2.5 照射効率見積り（2）

1.2で述べたように，光源の近くでは一つの点にあらゆる方向を向いた光線が入射するため，レンズの光学面が光源に近いと，その面に入射するすべての光線の向きを制御することができ

第 15 章　集光レンズ

ず，目的の範囲への照射効率に損失が生じる．ここでは，光学系の大きさを考慮した場合に，光源と光学面の距離関係から目的の範囲への照明効率を見積もる手法を示す．ただし，照明光学系においては結像光学系の収差論のような確立された理論は今のところ存在せず，以下の計算はおおよその目安を与えるものと考えて．

（ⅰ）　レンズへの光の取り込み効率を κ とする．
（ⅱ）　光学面による光線方向制御効率 ξ_f を次の手順で計算する．

目的の照射範囲を角度 α，光源の大きさ（半径）を y，光源の像を無限遠に結像させるのに必要な焦点距離を f_0 とすると，

$$f_0 = \frac{y}{\tan\alpha} \cong \frac{y}{\alpha} \tag{13}$$

と書ける．ここで，集光レンズを考えているため α の一次近似を用いた．また，光源中心から θ の方向に発せられる光線の方向を主に変化させる光学面 S（複数存在する場合は光源から遠い方の面とする）と光源中心との間の光路長を $l(\theta, \phi)$ とすると，$l(\theta, \phi)$ が f_0 より大きい領域では光学面の形状を適切に決める（焦点距離が $l(\theta, \phi)$ 程度となるようにし，目的の方向に光線を向けるように設定する）ことで光源から θ の方向に発せられる光すべてを目的の角度 α 内に制御することが可能であり，レンズの部分的な光線方向制御効率 $\xi(\theta, \phi)$ は

$$\xi(\theta, \phi) = 1 \tag{14}$$

となる．一方，$l(\theta, \phi)$ が f_0 より小さい領域では光学面の形状を焦点距離が $l(\theta, \phi)$ 程度になるように面を設定したとしても α より大きい角度 β で広がってしまう．ここで β はおおよそ

$$\beta \cong \frac{y}{l(\theta, \phi)} \tag{15}$$

である．このような領域におけるレンズの部分的な光線方向制御効率は，角度 α と β の張る立体角の比で表わすことができ，

$$\xi(\theta, \phi) = \frac{\pi\alpha^2}{\pi\beta^2} = \left(\frac{l(\theta, \phi)}{f_0}\right)^2 \tag{16}$$

となる．

光学面での屈折や反射による光線方向制御の効率 ξ_f は，上記の光線方向制御効率 $\xi(\theta, \phi)$ を光学面 S 全域にわたって積分することで，

$$\xi_f = \frac{\int_S \xi(\theta, \phi) dS}{\int_S dS} \quad (17)$$

$$\xi(\theta, \phi) = \begin{cases} (l(\theta, \phi)/f_0)^2 & (l(\theta, \phi) < f_0 \text{のとき}) \\ 1 & (l(\theta, \phi) \geq f_0 \text{のとき}) \end{cases}$$

となる。

（iii） フレネル損失やミラーの反射時の損失，材料の吸収による損失などを考慮した透過効率を τ とする。

以上，（i）～（iii）より目的の範囲への照射効率 η は，

$$\eta = \kappa \xi_f \tau \quad (18)$$

と見積もられる。ただし，小さい光源が間隔を置いて配列されている場合は，すべての光源を含む領域を基準に f_0 を規定する。上記見積りでは計算の過程で近似を用いており，また実際の光学系では諸々の制限条件もあるため，余裕を見て検討されたい。また，複数の光源が離れて配置されている場合は(18)式からのずれが大きくなりやすいので注意が必要である。

2.6 照度分布見積り

ここでは，図4に示すように光源とレンズ出射面直後の円における Étendue 保存を考えることで，集光時の照度分布について大雑把に見積もる手法を示す。

レンズ出射面直後の円内部の各位置を通過する光線の広がり角は均一であると仮定し，面の法線方向を基準として立体角 Ω_2 で広がっているものとする。また，光源の Étendue を E_1'，レンズ出射面直後の円の半径を r_2，面積を S_2，レンズ出射面直後の Étendue を E_2' とすると，保存則より，

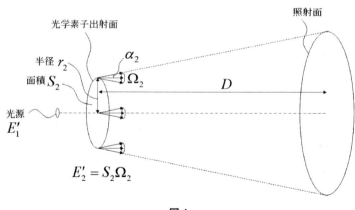

図4

第 15 章　集光レンズ

$$E'_1 = E'_2 = S_2 \Omega_2 \qquad (19)$$

が成り立つ。Ω_2 の立体角を張る角度 α_2 は，

$$\alpha_2 = \cos^{-1}\left(1 - \frac{\Omega_2}{2\pi}\right) [rad] \qquad (20)$$

であるから，レンズ出射面直後の円内部を通過し立体角 Ω_2 の範囲内で出射された光線は，レンズ出射面から D の距離にある照射面において

$$R = r_2 + D \tan \alpha_2 \qquad (21)$$

の半径の円内を通過し，(21)式の領域に比較的強い照度の分布を形成する。(21)式の値は，光源のÉtendue E'_1 とレンズ出射面直後の円の面積 S_2 とレンズ出射面から照射面までの D が決まれば求まる。

ここではレンズ出射面直後の円で考えたが，任意の形状の面の場合も同様にして大凡の照度分布を見積もることが可能である。

3　光学部材

使用したい光線の波長に対して透明な材料であればどのような材料でも使用可能である。光学的な観点では，材料ごとに屈折率が異なり，それによって臨界角や屈折が変わる。しかしながら，光学設計において屈折率の違いによる有利不利は一概には決められず，設計者が製品全体のコンセプトに合わせて使い分けることが求められる。ただし，色ムラが問題となる光学系の場合は屈折率分散特性に注意する必要はある。一方，光学以外の観点から見た製品全体のコンセプトに関わる要因としては，耐熱性，耐候性，成形性，量産性，コストなどが挙げられる。量産性で圧倒的に有利なのは射出成形可能なアクリル樹脂やポリカーボネート樹脂などの熱可塑性樹脂であるが，耐熱性や耐候性の点ではガラスなどに劣る。逆にガラスや熱硬化性樹脂は耐熱性で有利であるが，成形性の点で熱可塑性樹脂に大きく劣る。また，紫外線による樹脂劣化を緩和するために添加剤が加えられることがあるが，添加剤が透過効率を低下させることもあるので注意が必要である。以上のように，材料選定には様々な要素が関わるため，製品のコンセプトを決める段階でレンズに対する要求も考慮しておくと良い。

4　レンズの種類

単純な球面レンズ，非球面レンズ，フレネルレンズ，放物面鏡以外の主な形状として，図 5 に示す内部全反射型レンズ（特開 2005-228623 より引用），図 6 に示す内部全反射フレネル型レン

ズ(特開 2012-073545 より引用),図 7 に示す拡散レンズと放物面鏡の組み合わせ(特開 2011-228047 より引用)が挙げられる。

なお,照明ムラを軽減するために出射面や反射面などにレンズアレーを配置したり微小凹凸形状やシボを施したりすることも一般に行われている。

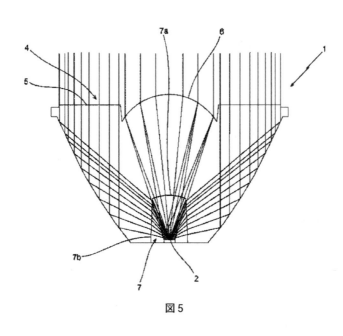

図 5

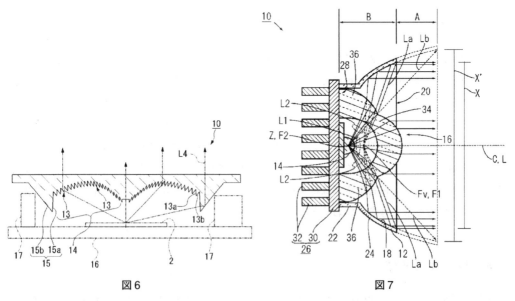

図 6   図 7

第16章　レンズ機能拡散板―マイクロレンズアレイによるLED照明のムラ解消技術

関　英夫*

はじめに

　LED光源は一般照明を始め，検査照明，コピー原稿読取用照明など多くの照明機器に組み込まれている。このLED照明機器には従来の光源と比べ小型，軽量，低電圧，低電流，長寿命など多くの利点がある。しかし同時に狭小点発光に起因する眩しさ，照明ムラ，スカラップ，マルチシャドー，色ムラ，レンズによる色収差など新たな問題も発生している。今回はこれらの問題を解決するに有効なレンズ機能拡散板について述べる。

1　レンズ機能拡散板による照明ムラの解消

　レンズ拡散板：LSD（Light Shaping diffusers）（写真1）はフィルムの表面にホログラムの干渉波面による微細な凹凸を転写し，その凹凸の屈折／回折作用により入射光を一定の角度に拡散させるものである。つまりホログラムの干渉縞をマイクロレンズアレイとして活用したものであ

写真1　レンズ拡散板：LSD

＊　Hideo Seki　㈱オプティカルソリューションズ　代表取締役社長；光機能製品開発プロデューサー

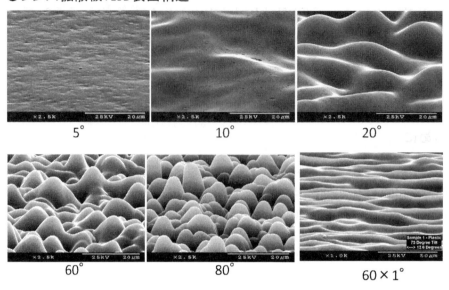

図1　拡散板の表面形状

る。図1はレンズ拡散板の拡散角度毎の表面形状であるが一般的なレンズと同様，曲率が大きいほど拡散角は小さく，曲率が小さいほど拡散角は大きくなっていく。では屈折を利用したレンズであれば集光効果もあるのでは思われるかもしれないが，仮に凸部が平凸レンズとして光を集光したとしてもレンズのごく近傍で集光するため，光は集光点より先では拡散光となる。凹部はそのまま拡散し，結果として凹凸とも拡散効果をもたらす。またこの凹凸は形状や配置がランダムであり，透過光はモアレ縞を生じない。このモアレ縞が生じないことは照明光として大きな利点である。

2　レンズ拡散板の機能と特徴

写真2は照明ムラのある光源であるが写真3はその前に5度拡散するレンズ拡散板を配置したところ中心部の暗部が改善され全体がほぼ一様の照度となる。分布はガウシアン状で中心部の照度ほど高く，周辺部ほど低くなっている。この照度分布に付いては後半に記載する「照明シミュレーションソフトによる検証」の節で詳しく述べる。更に10度，20度，30度と拡散度の高いレンズ拡散板を配置すると照明範囲は拡散角に比例して大きくなる。この様に照明光の必要とする範囲，照度　及び必要とする面内均一性を予め定め，もっとも適したレンズ拡散角を使用する事により，広げすぎず，照度を保ったまま分布を変更することができる。もちろん広げた分だけ単位面積当たりの照度は低くなるが必要範囲外には照明しないことを考えると非常に効率的であると言える。

第16章　レンズ機能拡散板—マイクロレンズアレイによるLED照明のムラ解消技術

写真2　ムラのある光源

写真3　5度拡散による照度均一化

写真4　透過照明

　この様にレンズ拡散板を使用する事により低出力LEDチップの採用，LED数の削減，省電力化，小型化，導入コストの低減，ランニングコストの低減などが図れ，メリットは大きい。同時にLEDチップの劣化を促進させ寿命を短くする発熱面からみても機器内温度上昇の緩和や対象物への熱影響の軽減などレンズ拡散板導入の効果は計り知れない。

　次に内照灯型照明機器についてレンズ拡散板を用いた場合を考えてみよう。透過照明光源の面内均一性はLED自体の発散パフォーマンスに依存する訳であるがLEDとレンズ拡散板の間隔を若干離すことによりほぼ一様な分布を得ることができる。写真4右上は2列ライン状LEDで左下はその上にレンズ拡散板を配置したものである。LEDのドットが消え，面光源となっている。このことより透過照明光源用としても有効であることが理解いただけるであろう。

写真 5　楕円拡散板

　ここで楕円拡散レンズ拡散板について説明しよう。例えば棚下灯などの場合，楕円形に拡散させることにより長円状に照明できる。写真5はその実験例として赤色レーザーマーカを光源とし，横軸に60度，縦軸に1度だけ拡散する超楕円拡散板を用いライン光源を実現したものである。同様にLED光源の場合でもスプレッド状に照明することができる。

　またこのレンズ拡散板は乳白アクリル板とは異なりレンズ機能により光を制御するため赤，青などの単色のLED光をくすませることなくきれいに拡散，均一化する事ができ演色性に優れたきれいな照明光を作り出すことができる。

　その他，大きな特徴として高い透過率が挙げられる。レンズ拡散板は一般的なレンズと同様，光の屈折作用により拡散させているため表面反射以外の減衰は起こらず基板自体の透過率とほぼ同一となる。例えば10度拡散させるレンズ拡散角の透過率は約90%であり60〜70%の乳白板よりはるかに高い。もちろん60度拡散のレンズ拡散板など拡散角の大きなレンズ拡散板では入射光は第一面のレンズ面で拡散され基板を透過し，第二面から抜ける時スネルの法則により再度，拡散される訳であるが周辺部の光は全反射現象により第二面で反射されるため出射できない。このため光量は若干減少し，透過率は85%程度となるがそれでも透過率は高いと言える。

3　一般的な拡散板との違い

　レンズ拡散板表面のレンズは全面にくまなく微細でランダムに形成されているがその形状はすべて丸みを帯びている。また。この凹凸がレンズとして機能し光を屈折させガウシアン状に分布される訳である。これに対してバックライトなどで用いられるエンボス加工やケミカル処理により作られる一般的な拡散板は表面に光学的に制御のされていない突起や無加工部が存在する。透過した光は不規則に拡散されガウシアン分布とはならない。また出射角度の大きな光は全反射現

第16章　レンズ機能拡散板―マイクロレンズアレイによるLED照明のムラ解消技術

象により拡散板内に留められるため透過率は減少する。光学的な無加工部の光はそのまま直進し照度ムラを生じるため満足できるものではない。

また一般的なマイクロアレイレンズと比較してみよう。同一な形状，ピッチのマイクロアレイレンズは規則性を有するためモアレ縞が生じやすく，照明光としては望ましくない。また非球面形状で不規則な形状とピッチを有するマイクロアレイレンズも製作可能であろうが開発費や製作費は通常のマイクロアレイレンズアレイと比べ高額となり費用的にも採用の障害となる。

4　一般的な集光レンズとの併用

集光レンズを用い白色LEDの光を集光し照度を上げる場合，塗布した蛍光剤の膜厚の不均一さによるイエローリングの発生や紫色斑点の問題が生じる。これらの問題に対してもレンズ拡散板で光野を広げることなく照射範囲をほぼ保ったまま照射ムラや色ムラが解消できる。写真6の右側は一般的なレンズとLED光源の組み合わせによる照度ムラ及びイエローリングの発生した様子である。また左側はこのレンズの前に10度のレンズ拡散板を配置しこのムラを解消し均一な照明光とした例である。目的エリア外に広がる光が少なくエネルギーロスが少ないレンズ拡散板の機能が理解いただけるであろう。

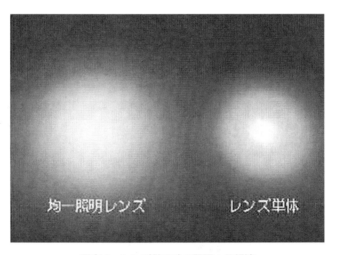

写真6　レンズ併用時の照明ムラ解消

5　一般照明分野での高品位化要求に対応

冒頭にも述べたがLED一般照明機器では，狭小点発光に起因する眩しさ，マルチシャドー，スカラップなど新たな問題が発生している。

マルチシャドーとは（写真7, 8）一次元に配置したLEDアレイの光の下に手をかざした時，

LED 照明のアプリケーションと技術

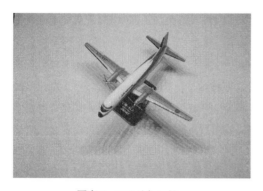

写真7　マルチシャドー

写真8　マルチシャドーの改善

複数の影が現れる現象を指す。二次元に配置しても同様の現象が起こる。従来の白色灯や蛍光灯では発光面が大きくまた光源が一個であったために問題とはならなかった。しかしLEDを光源とする場合は一個当たりの発光量は少なく，複数個配置する事が一般的である。このために生じるLED照明固有の問題である。このLEDアレイの前面にレンズ拡散板を配置する事によりこのマルチシャドーが軽減でき，違和感のない照明が実現できる。

　スカラップとは（写真9，10）壁面に照射したダウンライトにより生じる貝殻模様のことであるが白色LED光源では更にLEDに塗布された蛍光剤により生じる周辺部の色分布ムラも加えられる。このスカラップの照度ムラ及び色ムラもレンズを用いた場合と同様にレンズ拡散板により改善する事ができる。

写真9　スカラップ

写真10　スカラップの改善

　また最近はダウンライトや街路灯など光源が目に入り易い灯具にもLED光源を用いることが多くその眩しさが問題となっている。前にも述べたがLEDの発光点はかなり小さいため単位面積当たりの輝度は相当高く眩しさが大きな問題となる。そこでLED光源の前にレンズ拡散板を

第16章　レンズ機能拡散板―マイクロレンズアレイによるLED照明のムラ解消技術

配置することにより元の光源よりは大きな第二光源面となる。その為単位面積当たりの輝度は大幅に下がり眩しさが軽減される（写真11，12）。

写真11　レンズ付きLED

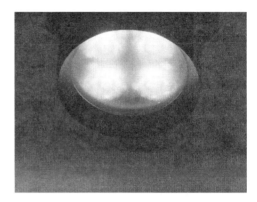

写真12　眩しさの低減

6　レンズ拡散板―LSDの製法と基板の種類

　このレンズ拡散板はいろいろな方式により製造する事が可能であるが最も一般的な製法は「ロール to ロール」製法である。筒状の巻かれた0.12～0.25 mmの厚みを持つ基板フィルムをほどきながら工程中連続して光硬化剤を塗布した後，円柱状マスターに押し当てパターンを転写，同時に紫外光によりキュアリングしレンズ拡散板を成形する。その後，ロール両サイドの不要部を切り落とし巻き取る。また必要に応じて後工程で毎葉に切断する。連続製法のため膜厚安定，高精度転写，高速加工など多くのメリットがありもっとも安定し，また安価にできる製法である。

　また数メートル長光源に対応するためつなぎ目のないシームレスマスターを開発し，シームレステープ状レンズ拡散板も製造している。

　このフィルム基板のレンズ拡散板は約0.25 mmと薄いため挿入場所の制約がなく薄型照明機器の製造を可能とする。また仮に開発した照明機器にムラ等の欠陥があっても後から挿入が可能であり照明品質の改善が可能となる。

　「毎葉製法」はアクリル板など板状の基板上にレンズ拡散板を成形する場合に用いる。工程はロール製法と同様であるが基板が板状のため，毎葉製造法となる。その分，コストは「ロール to ロール」製法より高くなる。

　「射出成型法」は射出成形用金型内にレンズ拡散板のパターンが彫り込まれたマスター金型を埋め込み射出成形時に同時にパターンを形成する方法である。アクリル等，単一の素材に成形でき，剥離の恐れがない。また裏面に平凸レンズ，フレネルレンズなど集光機能を持たせたハイブリットレンズ拡散板の製作も可能である。さらにハウジング部なども一体成形することにより部品点数が削減できるなどメリットも大きくコストも大幅に低減できる。また車載用など高温，高

耐候性を要求される用途にも適した樹脂材の選択により対応できる。

　基板材料の種類と拡散角度が多様であることも大きな特徴である。基板材料はポリカーボネイト，ポリエステル，アクリル，硝子，石英などのフィルム，或いは板状であればいずれも加工可能である。また UV 光用として 365nm 光が透過する UV 用アクリル基板製レンズ拡散板も供給している。その他耐熱が高く，紫外線透過率が高い石英基板レンズ拡散板も製造している。レンズ部はソージェルの石英を用いているため 500 度の耐熱性を有している。また 200nm の紫外光も透過拡散できる。

　厚みは薄いもので 5mil（mil＝1/1000 インチ　5mil＝約 0.125mm）から 118mil（約 3mm）の中から選択できる。最も一般的な基板は 10mil（約 0.25mm）厚のポリカーボネイト製である。このポリカーボネイト製レンズ拡散板は割れることなくハサミやカッターナイフで容易に切断可能であり試作には大層便利である。もちろん量産時の型抜きも容易である。なお石英基板製の厚みは 3mm である。

　初期費の負担なしに使用できる拡散角度は円形拡散 0.5°，1°，5°，10°，20°，30°，40°，60°，80°（FWHM＝半値全角）で 9 種，楕円拡散は 60°×1°を含め 8 種類と数多くありそれぞれの用途に合わせた選択が可能である。　また在庫品のためすぐに入手することが出来る。もちろん初期費を負担すれば要望に合わせたオリジナル角度の開発も可能であり最適な角度，アスペクト比が得られる。

　上記の拡散角度は平行光の入射を条件として拡散パフォーマンスを表しているが光源自体が発散角を有する場合も容易に計算できる。その合算した拡散角の簡易計算式は光源の発散角の二乗にレンズ拡散板の拡散角の二乗を足し合わせた値を $\sqrt{\ }$ で開くことにより求められる。このように予め必要とする拡散角度を求めることが出来る。

7　照明シミュレーションソフトによる検証

　このレンズ拡散板と併せ集光レンズ或いはリフレクター含む光学系をパソコン画面上で評価できる照明シミュレーションソフトとしては照明解析ソフト「Light Tools」（販売：サイバネットシステム㈱），光学設計ソフト「ZEMAX」（販売：㈱プロリンクス）など多数あるがここでは国内で開発され安価，高精度で操作が容易な「照明 Simulator」（開発元：㈱ベストメディア）による照度シミュレーションを例に述べる。

　図 2 は 4 個の LED 光源の前にそれぞれコリメータレンズを配置し 4 個の平行光源としたものであるが照射面では 4 カ所のスポットとなっている。そのコリメータレンズの前面に 10 度拡散するレンズ拡散板を配置した図 3 を示す，分布はややなだらかに広がってはいるが 4 カ所の独立した照射部が見える。次に 10 度の代わりに 20 度拡散するレンズ拡散板に変えると 4 カ所の照射部は重なり合いガウシアンな分布となり LED 光源の分離は見られない（図 4）。更に 30 度拡散するレンズ拡散板に変えると照射範囲は更に拡大する。このようにシミュレーションにより拡散

第16章 レンズ機能拡散板—マイクロレンズアレイによるLED照明のムラ解消技術

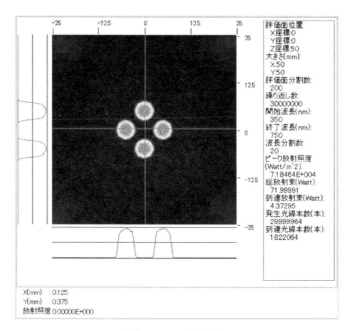

図2　4LED照度分布

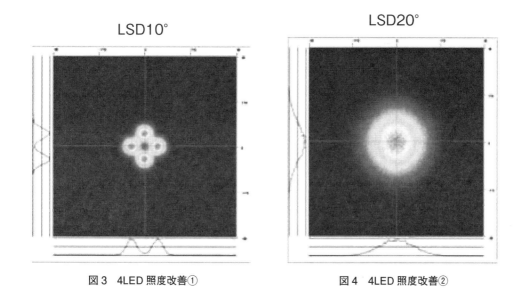

図3　4LED照度改善①　　　　　　図4　4LED照度改善②

　角度が大きいほど照射範囲は拡大し，分布もなだらかになっていることが容易に理解できるであろう。
　その他，眩しさを軽減する目的の場合，輝度データよりグレアレベルもシミュレーションすることができる。このように試作前に照度，輝度，強度のシミュレーションを行うことにより効率

的に照明装置の開発が可能となる。またこれらのシミュレーション結果は顧客へのプレゼンティーションツールとして大いに威力を発揮し，ビジネスを促進することができると思われる。

おわりに

このレンズ拡散板の機能の確認や最適な角度を選択するために12種類の拡散角を持つレンズ拡散板が網羅された「評価キット」や試作組込用として目的別に数種の拡散角を組み合わせた「試作キット」があるので活用されたい。また商業施設で多く用いられるハロゲン型LEDランプ（φ50mm）の前面に簡単に取り付けることが可能で照明光のエッジを滑らかにしたり，スプレッド状に変換できる「レンズ拡散板：LSDライトチューナー」（写真13，14）を発売したので利用願いたい。

このレンズ拡散板：LSDは照明機器の高品質，高品位化に欠かせない光エレメントとして活用されている高光機能製品である。

写真13　装着例

写真14　レンズ拡散板：LSDライトチューナー

文　　献

1) レンズ拡散板：LSD, ㈱オプティカルソリューションズ, http://www.osc-japan.com/solution/lsd
2) 照明Simulator, ㈱オプティカルソリューションズ, http://www.osc-japan.com/core/simulator

第17章　照明カバー用ポリカーボネート樹脂材料

松井宏道＊

はじめに

　LED照明は従来の白熱電球や蛍光灯に比べて長寿命であり，可視光におけるエネルギー変換率も高く，省電力照明として注目されている。照明カバー部品に要求される性能としては，光透過性，耐衝撃性，耐熱性，燃焼性などが挙げられる。ガラスは割れやすくて耐衝撃性が低く，さらに形状の自由度が低いことにより，照明カバー部品は従来のガラスから樹脂化が進んできている。

　照明カバー用の樹脂として，光透過性の高いアクリル樹脂やポリカーボネート樹脂などが使用されている。LED照明では，可視光に変換されないエネルギーのほとんどは熱エネルギーとなるため，照明カバー部品にも耐熱性を要求されることが多い。そのため耐熱性と燃焼性，耐衝撃性に優れるポリカーボネート樹脂の採用が増えている。

　LEDチップからの光は指向性が高く，正面方向に強く放射されるので，正面以外の方向へ配光するために，照明カバー部品の材料には光拡散効果を持たせることが多い。光拡散効果を持たせる手法には，照明カバー成形時に凹凸形状を表面に賦形する方法と，拡散剤と呼ばれる微粒子を配合した樹脂材料を用いる方法がある。本章では最近製品化が加速している拡散剤を配合したポリカーボネート樹脂材料について，光拡散手法と難燃化技術を中心に述べる。

1　拡散剤による光拡散手法

　拡散剤には，マトリックスであるポリカーボネート樹脂と異なる屈折率の微粒子を使用する。光拡散効果の点では拡散剤の粒径は細かい方が好ましく，一般的に平均粒径1～30μmの微粒子が使用されている。

　拡散剤には無機系拡散剤と有機系拡散剤がある。

　無機系拡散剤としては，ガラスビーズ[1]，炭酸カルシウム，酸化チタン[2]などが挙げられ，単独または併用して用いられている。これらは樹脂中への分散を良くするために表面処理が施されていることが多い。

　有機系拡散剤としては，アクリル系拡散剤やシリコーン系拡散剤が知られている。

　アクリル系拡散剤としては，耐熱性の点で架橋されたアクリル酸メチル，アクリル酸エチル，

　＊　Hiromichi Matsui　三菱エンジニアリングプラスチックス㈱　第1事業本部　技術部

アクリル酸ブチルの単一重合体や，これらの共重合体等の微粒子が知られている[3,4]。また特殊なタイプとして，ゴム状ビニルポリマーをコアに，アクリル酸エステルをシェルに使用したコアシェル型の拡散剤も知られている[5]。

シリコーン系拡散剤としては，架橋シロキサン結合を有するシリコーン[6]や，ポリオルガノシルセスキオキサン[7]の微粒子が知られている。

有機系拡散剤は光透過性が良く，後述する光学特性に優れているため，近年使用が増えている。

2 難燃化

2.1 難燃性に関する規格

LED照明部品は電気部品であり，照明カバー用材料にも難燃性能として米国のUnderwriters Laboratoriesが定めるUL94規格のV-2ランク，もしくは，より難燃性の高いV-0ランクが必要となる場合が多い。

UL94とは樹脂材料の燃焼安全性に関する規格であり，その試験方法は，所定の試験片に所定のガスバーナーの炎を接炎させた時の，試験片の燃焼の程度を評価するものである。UL94の燃焼性ランクには試験厚みが併記されている。一般的に試験厚みが薄いほどUL94燃焼性試験に合格することは難しく，同じ燃焼性ランクでも合格している厚みの薄いものほど難燃性が高いとされている。樹脂材料に対する要求性能は，照明カバー実製品の厚みと同じか，より薄い厚みで所定の燃焼性ランクに材料が合格していることである。

さらにUL94以外に，トラッキングなど電気的着火を想定したUL746A規格によるデータを要求されることもある。

2.2 難燃剤

ポリカーボネート樹脂用の難燃剤としては臭素系難燃剤，リン系難燃剤が知られている[8]。

臭素系難燃剤の作用機構は，燃焼により生成する水酸基ラジカルを気相でトラップすることと考えられている。臭素系難燃剤は難燃効果が非常に高いという長所はあるが，燃焼時のガスが環境に対して悪影響の懸念があることと，衝撃強度と耐光性を低下させるという短所がある。

臭素系難燃剤に代わるものとして，リン系難燃剤も開発されている。中でもリン酸エステル系難燃剤が有名である。リン系難燃剤の作用機構は，リン化合物が分解してリン酸，メタリン酸，重合メタリン酸となって，生成したリン酸層が，プラスチック表面に薄層を作り，さらにその強い脱水作用によりグラファイト状の層を作ることによって，周囲の空気を遮断することと考えられている。リン酸エステル系難燃剤の短所として，衝撃強度を低下させることと，ポリカーボネート樹脂を可塑化するため耐熱性を悪化させること等が挙げられる。

臭素系，リン系難燃剤以外にポリカーボネートに適用される難燃剤としては，金属塩系難燃剤が挙げられる[9]。金属塩系難燃剤としては，有機スルホン酸アルカリ金属塩に代表される有機ア

ルカリ金属塩が知られている。この難燃剤の作用機構は，燃焼時に分子間エステル交換および異性化転位反応を起こし，ポリカーボネート分子が分岐化することによって，炭化が促進され消火することと考えられている。有機アルカリ金属塩は，衝撃強度や耐熱性を低下させず，さらに環境への悪影響が少ないとされている。このため照明カバー用として有機アルカリ金属塩の使用が増えてきている。

3　照明カバー用材料の成形方法

LED照明カバーには平板状の拡散板，蛍光灯用の直管型，電球型などがある。

拡散板は，シート押出成形等により成形されることが多く，成形の際に表面に凹凸加工をすることにより拡散効果を高める場合もある。直管型は，異形押出成形によりパイプ形状に成形されることが多い。このような押出成形には，成形時に押出ダイより出た溶融樹脂の垂れ落ち（ドローダウンと呼ばれる）をしにくくするために，溶融粘度の高い材料が使用される。

電球型は射出成形のみにより成形される場合と，射出成形後にブロー成形して少し膨らませた成形品を得るインジェクションブロー成形により成形される場合がある。射出成形するためには，成形時に金型へ溶融樹脂を充填しやすくする必要があり，押出成形に比べて，溶融粘度の低い材料が使用される。

4　光学特性

照明カバー用材料の光学特性の指標には，照明の明るさを表す全光線透過率と光拡散性を表す分散度が通常用いられる。

全光線透過率は，光源から成形品プレートに入射した光量に対して，成形品プレートを透過した光量の割合であり，数値が高いほど明るいことを示す。全光線透過率はヘイズメーターにて測定することができる。一方分散度は，光源から成形品プレートを通過して垂直方向で測定される光量を100%とした時に，光量が50%になる時の角度であり，数値が高いほどより光が拡散され，周囲に配光されていることを示す（図1）。分散度が高いほど照明器具内のLEDチップが見えにくくなる。分散度はゴニオフォトメーターにて測定することができる。

照明器具としては，全光線透過率の高い材料を使用すれば，LEDチップからの発光量のロスは少なくなり，明るい照明となる。また分散度の高い材料を使用すると，LEDチップからの光を垂直方向以外の周囲に配光でき，空間全体を明るくできる。しかしその一方で分散度の高いほど光源からの光量ロスが多くなるため，全光線透過率は低くなる傾向にある。さらに全光線透過率と分散度の値は製品の厚みにも影響を受け，厚みが薄いほど全光線透過率は高く，分散度は低くなる傾向である。

照明カバーの厚みは1～2mmが主流であり，厚みが薄いほどLEDチップからの光量ロスが少

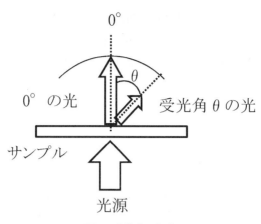

図1　分散度の概念

なくなり，明るい照明器具になる。一方で薄くなると衝撃強度など機械的強度は低くなるため，照明器具の設計に応じてカバー材料の厚みと光学特性バランスを選択することになる。光学特性のバランスを表現するために，全光線透過率と分散度のグラフを用いられることが多い。

5　照明カバー用材料の実際

照明カバー用材料の例として，三菱エンジニアリングプラスチックス㈱のポリカーボネート樹脂であるユーピロン®光拡散グレードを表1，表2に示す。これらのグレードの光学特性を図2，図3に示す。成形方法と光学特性，燃焼性レベルに応じた幅広いグレードをラインアップしており，要求特性に応じた適切な材料を選択することができる。これらは臭素系難燃剤やリン系難燃剤を使用していない環境対応型の材料である。さらに押出成形グレードには分岐構造を有したポリカーボネート樹脂を使用しており，通常のポリカーボネート樹脂に比べて剪断速度の低い領域での溶融粘度が高い。そのため押出成形時にドローダウンしにくく，賦形性が良くなり，押出成形に適した材料となっている。

6　照明カバー用材料の課題

LED照明は従来照明に比べて長寿命であり，今後も使用範囲は広がると予想され，上述した光学特性の改良と難燃性の向上が引き続き求められるであろう。

さらにLEDチップの高出力化による照明器具の輝度向上や，小型化が進むと考えられる。そのため照明カバーの長期耐久性が，さらに重要となるであろう。ガラスに対する樹脂の短所として，高温時の熱変色や光劣化などが挙げられる。熱変色を抑制するために，酸化防止剤などの安定剤添加による改良が必要である。また樹脂の光劣化は400nm以下の紫外線により，樹脂中の

第17章　照明カバー用ポリカーボネート樹脂材料

表1　三菱エンジニアリングプラスチックス㈱　押出成形用拡散グレードの物性

項目		試験方法	試験条件	単位	押出成形用 V-0グレード				押出成形用 V-2グレード			
					EFD2110U	EFD2230U	EKD2108U	EKD2115U	DM2104VUR	DM2108VUR	DE2140VUR	DM2209VUR	DM2215VUR
物理的性質	密度	ISO1183	—	g/cm3	1.20	1.20	1.20	1.20	1.20	1.20	1.20	1.20	1.20
レオロジー特性	メルトボリュームレイト	ISO1133	300℃, 1.2kg	cm3/10min	4	4	5	5	7	8	5	8	8
機械的特性	引張降伏応力	ISO527-1 527-2		MPa	65	66	63	63	65	65	65	64	64
	引張降伏ひずみ			%	7	6	6	6	6.3	6.0	6.0	5.7	5.5
	引張破壊呼びひずみ			%	81	75	76	80	100	100	76	105	103
	曲げ強さ	ISO178		MPa	92	97	94	94	95	98	97	95	96
	曲げ弾性率			MPa	2300	2300	2370	2370	2360	2340	2320	2330	2370
	ノッチ付きシャルピー衝撃強さ	ISO179-1	3mmt	KJ/m2	74	13	68	68	24	25	58	71	74
		ISO179-2	4mmt	KJ/m2	17	10	19	70	32	—	—	—	21
熱的特性	荷重たわみ温度	ISO75-1, ISO75-2	1.80MPa	℃	122	123	125	125	125	123	123	124	124
	線膨張係数	ISO11359-2	MD	1/℃	6.5E-05	6.5E-05	6.5E-05	6.5E-05	6.5E-05	6.5E-05	6.5E-05	6.5E-05	6.5E-05
			TD	1/℃	6.6E-05	6.6E-05	6.6E-05	6.6E-05	6.6E-05	6.6E-05	6.6E-05	6.6E-05	6.6E-05
	UL94燃焼性	UL94	0.75mm		—	—	V-0	—	V-2	V-2	V-2	V-2	V-2
			1.0mm		—	—	V-0	—	V-2	V-2	V-2	V-2	V-2
			1.2mm		V-0	V-0	V-0	V-0	V-2	V-2	V-2	V-2	V-2
			1.5mm		V-0	V-0	V-0	V-0	V-2	V-2	V-2	V-2	V-2
			2.0mm		V-0	V-0	V-0	V-0	V-2	V-2	V-2	V-2	V-2
			3.0mm		V-0	V-0	V-0	V-0	V-2	V-2	V-2	V-2	V-2
光学的特性	全光線透過率	※1	1mmt	%	85	71	64	61	95	92	67	64	62
			2mmt	%	66	54	52	49	90	77	53	52	50
			3mmt	%	53	45	43	40	82	64	46	45	44
	Haze	※1	1mmt	%	98	99	99	99	94	98	99	99	99
			2mmt	%	99	99	99	99	98	99	99	99	99
			3mmt	%	99	99	99	99	99	99	99	99	99
	分散度	※2	1mmt	°	21	43	50	57	5	19	48	52	57
			2mmt	°	35	56	58	61	16	33	56	59	61
			3mmt	°	42	59	61	64	23	39	60	62	64
成形収縮率	成形収縮率	3mmt	金型温度:80℃	%	0.5~0.7	0.5~0.7	0.5~0.7	0.5~0.7	0.5~0.7	0.5~0.7	0.5~0.7	0.5~0.7	0.5~0.7

(注意) この物性表に記載されているデータは、測定値であり、規格値ではありません。
(※1) ヘイズメーターにて測定。
(※2) 分散度 ゴニオフォトメーターにて測定。試験片に光を垂直に入射させた時に輝度が半減する角度。

表2 三菱エンジニアリングプラスチックス(株) 射出成形用拡散グレードの物性

項目	試験方法	試験条件	単位	射出成形用 V-0グレード					射出成形用 V-2グレード			
				EFD3205U	EFD3304U	EFD3310U	EFD8000	EKD3208U	EKD3305U	DS3105VUR	DS3110VUR	DS3208VUR
物理的性質												
密度	ISO 1183	—	g/cm3	1.20	1.20	1.20	1.20	1.20	1.20	1.20	1.20	1.2
レオロジー特性												
メルトボリュームレイト	ISO 1133	300℃, 1.2kg	cm3/10min	15	7~12	7~12	12	24	23	14	18	18
機械的特性												
引張降伏応力	ISO527-1 527-2	—	Mpa	64	64	64	64	63	64	64	64	63
引張降伏ひずみ			%	6	6	6	6	6	6	6	6	6
引張破壊呼びひずみ			%	70~120	70~120	70~120	70~120	100	80	70~120	70~120	120
曲げ強さ	ISO 178	—	MPa	90	90	90	90	96	99	96	90	96
曲げ弾性率			MPa	2,200	2,200	2,200	2,200	2,300	2,400	2,300	2,200	2400
ノッチ付きシャルピー衝撃強さ	ISO 179-1	3mmt	KJ/m2	11	9	9	6	16	9	12	11	70
	ISO179-2	4mmt	KJ/m2	—	—	—	6	—	—	—	—	—
熱的特性												
荷重たわみ温度	ISO75-1, ISO75-2	1.80MPa	℃	124	124	124	122	123	120	125	124	123
線膨張係数	ISO 11359-2	MD	1/℃	6.5E-05	6.5E-05	6.5E-05	6.5E-05	6.5E-05	6.5E-05	6.5E-05	6.5E-05	6.5E-05
		TD	1/℃	6.6E-05	6.6E-05	6.6E-05	6.6E-05	6.6E-05	6.6E-05	6.6E-05	6.6E-05	6.6E-05
UL94燃焼性	UL94	0.75mm		—	—	—	—	—	—	—	—	—
		1.0mm		—	—	—	—	—	V-0相当	V-2	V-2	V-2
		1.5mm		V-0	V-0	V-0	V-1	V-0	V-0相当	V-2	V-2	V-2
		2.0mm		V-0	V-0	V-0	V-0	V-0	V-0相当	V-2	V-2	V-2
		3.0mm		V-0	V-0	V-0	V-0	V-0	V-0相当	V-2	V-2	V-2
光学的特性												
全光線透過率	※1	1mmt	%	86	84	81	67	67	73	95	92	71
		2mmt	%	76	74	64	53	55	58	88	75	58
		3mmt	%	65	—	—	45	—	—	—	—	—
Haze	※1	1mmt	%	96	93	98	99	99	99	96	98	99
		2mmt	%	98	98	99	99	99	99	98	99	99
		3mmt	%	99	—	—	99	—	—	—	—	—
分散度	※2	1mmt	°	10	5	22	40	49	31	11	22	45
		2mmt	°	24	18	36	56	59	51	24	35	56
		3mmt	°	32	—	—	61	—	—	—	—	—
成形収縮率												
成形収縮率	3mmt	金型温度:80℃	%	0.5~0.7	0.5~0.7	0.5~0.7	0.5~0.7	0.5~0.7	0.5~0.7	0.5~0.7	0.5~0.7	0.5~0.7

(注意) この物性表に記載されているデータは、測定値であり、規格値ではありません。
(※1) ヘイズメーターにて測定。
(※2) 分散度 ゴニオフォトメーターにて測定。試験片メーカーにて光を垂直に入射させた時に輝度が半減する角度。

第17章　照明カバー用ポリカーボネート樹脂材料

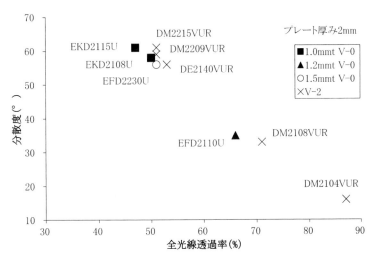

図2　三菱エンジニアリングプラスチックス㈱　押出成形用拡散グレードの光学特性

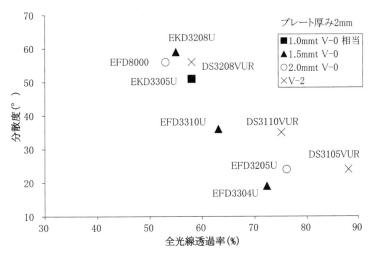

図3　三菱エンジニアリングプラスチックス㈱　射出成形用拡散グレードの光学特性

結合が切断される現象である。紫外線はLEDチップ自体からは放射されないが，LED照明器具が設置されている環境の太陽光や蛍光灯光には含まれている。そのため照明器具を長期に設置していると，照明カバーが黄変してしまい，照明色調が変化すると共に照明光量の低下が懸念される。このため耐光性改良も必要と考えられる。

文　　献

1) 帝人化成，公開特許公報　特開昭 61-36354
2) 帝人化成，公告特許公報　特公昭 57-24816
3) GE，公表特許公報　特表 2002-529569
4) 住友ダウ，公開特許公報　特開 2006-30839
5) Bayer，公表特許公報　特表 2008-531793
6) 旭化成ケミカルズ，公開特許公報　特開 2006-143949
7) 帝人化成，公開特許公報　特開 2006-206751
8) 西沢　仁，高分子添加剤の最新技術，P.1，シーエムシー（1988）
9) 本間精一，ポリカーボネート樹脂ハンドブック，P.143，日刊工業新聞社（1982）

第18章　LED照明用光拡散シート

河井兼次[*]

はじめに

　近年，省エネルギー，CO_2の削減が謳われる中，発光ダイオード（LED）が，光源として脚光を浴びる様になった。1992年に青色LEDが実現したことで，青，緑，赤の光の三原色が揃い，この三色のLEDをひとつのパッケージにまとめた白色LED（フルカラーLED）が，登場した。しかし，この方式は，各色のLEDの寿命が異なることから，発光色に経時変化を生じてしまう等の問題があるため，表示デバイス用として広く利用されている。照明用の光源としては，現在の主流となっているInGaNの青色LEDと黄色のYAG蛍光体をひとつのパッケージにした擬似白色LEDが1996年に発表された。当初，5 lm/Wに過ぎなかった発光効率も小電力であれば100 lm/Wを超え，課題と言われた演色性も蛍光体の改善や三波長蛍光体と紫外線発光LEDをひとつのパッケージとした高演色白色LEDの開発などにより改善される様になり，今後は価格も下がることが予想されることから，益々の普及が期待される。LEDはもともと，点状の直線的な強い光を発する半導体であるため，照明の光源として使用する場合，スポットライトの様に部分を照らす照明には適しているが，天井照明の様な部屋全体を明るくする事を目的とする場合は，この光を拡散させた方が，より広範囲に明るく感じることができる事から，光を拡散させる技術が必要となっている。現在，市場ではレンズを使用した高拡散のLED電球も目にする様になってきた（市販のLED電球を購入して，当社にて直射水平面照度を測定した結果を，図1, 2

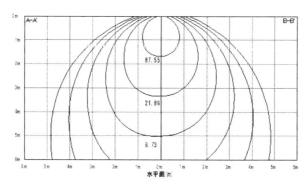

図1　市販LED電球（810 lm，8.7w）

---

[*]　Kenji Kawai　東洋紡績㈱　犬山フイルム技術センター

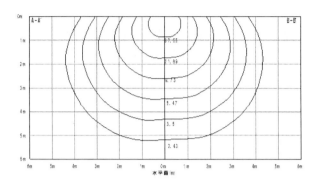

図2 市販LED電球レンズ付き (530 lm, 8.0w)

表1 拡散シートの光学特性比較

拡散シート	全光線透過率	光拡散係数※
当社拡散シート① (異方拡散タイプ)	90%	0.28 (拡散方向)
		0.04 (非拡散方向)
当社拡散シート② (等方拡散タイプ)	80%	0.36
当社拡散シート③ (等方拡散タイプ)	70%	0.55
市販乳白板 (3mm)	60%	0.58
市販マット板 (3mm)	91%	0.01

上記数値は,当社測定値であり特性を保証するものではない。
※光拡散係数 (D) の計算式
θ：光の受光角度　B_θ：θ度のイルミナンス
[光拡散係数 (D) は,受光角度20°と70°のイルミナンスによって求めた]
$D = (B_{20} + B_{70})/2 \times B_5$

に示す)が,今回の報告では当社の開発した光拡散シート「ユニルック®」を事例にとって,LED照明に適した拡散シートの特徴を解説する。

1 光拡散シート「ユニルック®」の特徴

1.1 優れた光線透過率と拡散性

当社のポリマーアロイ技術をベースに,表面加工ではなく,シート内部構造を制御する事により,高光線透過と高拡散性の両立を図っている。表1に市販乳白板との比較データを示す。一般的に,乳白板は,拡散性に優れるものの,光線透過率が低く,マット板は,光線透過率は高いものの,拡散性が劣る。これに対して,当社拡散シートは,拡散性と光線透過率のバランスが取れたものとなっている。

第18章　LED照明用光拡散シート

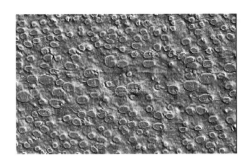

図3　当社拡散シート断面写真

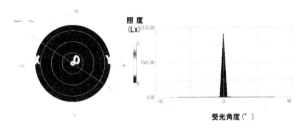

図4　LED点光源のイメージ図

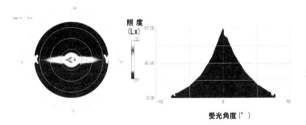

図5　異方拡散タイプのイメージ図

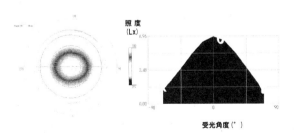

図6　等方拡散タイプのイメージ図

図7　蛍光灯型LED照明での使用例

図8　異方拡散タイプの光の広がり

図9　等方拡散タイプの光の広がり

1.2　使用目的に合わせた拡散パターンコントロール

　シート内部の島成分の分散形状をコントロールする事により，光を一方向だけに拡散する異方拡散タイプ，光を360°均等に拡散する等方拡散タイプをラインナップする事で，使用目的に合わせて，光の拡散状態を選択する事ができる。光拡散状態の可視化の一例として，LED点光源（図4）の上に，異方拡散タイプの拡散シートを置いた際の拡散イメージ（左）と配光パターン（右）（ハイランド社製 ZERO-FP を用いて測定）を図5に示す。また，図6には，LED点光源の上に，等方拡散タイプの拡散シートを置いた際の拡散イメージと配光パターンを示す。図4の左黒円の中にある白点が，LED光源から発せられる光をイメージしている。この上に拡散シートを置く事で，光を一方向（図5），または，360°（図6）に広げている事が，見て取れる。また，実用例として，図7には，蛍光灯型LED照明に，異方拡散タイプ及び等方拡散タイプの拡散シートを，拡散カバーとして使用した際の写真を掲載した。

　また，図8，9には，拡散シートを通したレーザー光の広がりを示す。各図の右手側にレーザー光源があり，図中央に拡散シート，左手側にスクリーンを配置した図となり，図8が異方拡散タイプ，図9が等方拡散タイプである。また，図10，11には，図8，9で使用した拡散シートの断面写真を示す。島成分を線状に分散させる事で異方性，丸い形状に分散させることで等方性が得られる。

第18章　LED照明用光拡散シート

図10　異方拡散タイプの断面構造

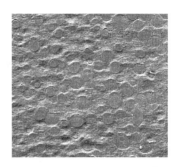

図11　等方拡散タイプの断面構造

図12　230℃成形時の分散状態

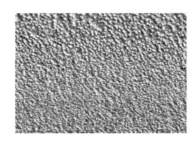

図13　260℃成形時の分散状態

スケール 10μm

　また，ここで，島成分の分散形状をコントロールするにあたっては，拡散シート製造時の製膜条件，ポリマー組成（屈折率，粘度等）等を駆使する事によって，達成している。
　一例として，製膜時の成形温度による分散形状の違いを，図12, 13に示す。両者とも海成分と島成分は，それぞれ同じ重量比で，成形したものですが，温度条件の違いにより，島成分の粒子径が異なっている事が見て取れる。また，ここでこの両者の全光線透過率は，それぞれ，90%と同じだが，平行光線透過率は，図12が7%，図13が8.5%と違いがみられ，光拡散性に違いがあることが分かる。

1.3　輝点（不快グレア）の抑制効果

　当社拡散シートのシート内部分散構造は，輝点（不快グレア）の原因となる平行透過光を抑えこれとは相反する特性の光線透過量（照度）の低下（反射，吸収による）が起こりにくいものとなっている。図14に光線透過特性の異なる拡散シートを使用した際のLED点光源の見え方の違いを示す。平行光線透過率の高いシートは，LEDのスポットが見えるのが分かりますが，これに対して，同じ全光線透過率であっても，平行光線透過率の低いシートは，LEDのスポットが殆ど見えない。
　図15には，市販の3mm厚み乳白板と当社拡散シートに関して平行光線透過率と全光線透過率の関係を示す。当社拡散シート（●）は，市販の乳白板（◆）と比較して，同じ平行光線透過率でも全光線透過率が高い。

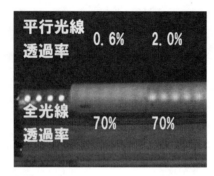

図14　拡散シートの違いによるLED点光源の見え方の違い

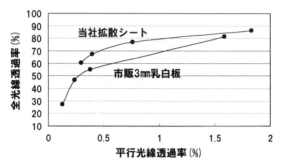

図15　平行光線透過率と全光線透過率

　また，図16に，LED光源をエッジライトとして用いた導光板の上に各種拡散板（1～4）を置いたときの写真，表2に各種拡散板の光学特性と各種拡散板上の輝度と照度の値を示す。ここで，当社拡散シート1と3mm厚乳白板2を比べると，当社拡散シートは輝度が低く照度が高くなっているのに対して，乳白板は輝度が高くて照度が低くなっている。またそれぞれの光学特性を見ると，当社拡散シートの方は全光線透過率が高くて平行光線透過率が低い事から，グレア（輝度）が抑えられかつ明るいことが求められる照明用拡散シートの特性としては，ここでも全光線透過率が高くて平行光線透過率が低いことが良い方向であるといえる。

　表3に，蛍光灯型LED照明器具について，当社拡散シートをカバーとして使用した場合と使用しなかった場合について，輝度の比較を行った結果を示す。拡散シートを使用していない器具は，65°の角度の輝度の値が高い値となっており，65°の角度で，この照明器具を見上げた際は，まぶしく感じられるものと推測される。

1.4　成型品への応用

　当社拡散シートは，シート内部構造制御による拡散性コントロールを特徴としている事より，透明シート，透明板材との複合及び熱成型加工が可能である。実際にポリカーボネートシート

第18章　LED照明用光拡散シート

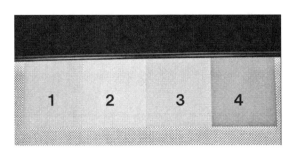

図16　導光板上の各種拡散板

表2　各種拡散板の特性と各種拡散板上の輝度と照度

	1　当社拡散シート	2　3mm 乳白板	3　3mm 乳白板	4　3mm 乳白板
全光線透過率	88	81	55	27
平行光線透過率	1.3	1.6	0.38	0.13
輝度 (cd/m^2)	407	464	397	247
照度 (lx)	1623	1511	1450	1207

表3　蛍光灯型LED照明器具の輝度測定結果

カバー	断面	輝度 (cd/m^2)			全光束 (lm)
		65°	75°	85°	
拡散シート あり	A-A'	4211	3283	2581	1116
	B-B'	5497	4764	3393	
拡散シート なし	A-A'	4085	2028	419	1266
	B-B'	8243	5858	2904	

断面図

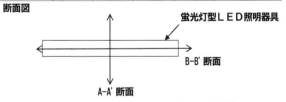

輝度は、照明器具から10mの距離で配光測定をした光度値を照明器具の断面積で除して求めた。

（380μm）と当社拡散シート（400μm）の複合品を真空圧空成型した事例を，図17に示す。左から当社拡散シート単体，当社拡散シートとポリカーボネートシート複合体，ポリカーボネートシート単体のそれぞれの真空圧空成型品の事例である。当社拡散シート単体，及び当社拡散シートとポリカーボネートシート複合体は，円の外周の段差部分も良好な仕上がりとなっている。

　また，当社拡散シートを，シート状，及び，図17に例示した半球形状に成型した場合，それぞれについて，図4に示したLED点光源の光拡散カバーとして使用した際の直射水平面照度を測定した結果を，図18，19に示す。

図17 真空圧空成形事例

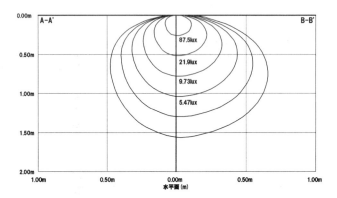

図18 シート状のカバー使用時

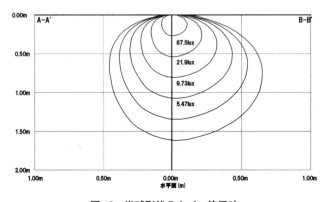

図19 半球形状のカバー使用時

　図19は，図18に比べて，半球状のカバーを取り付けた分，直射方向に届く光りが伸びていることが分かるが，光りの広がり（拡散性）には，大きな違いは見られない。これは，拡散シートを構成する海成分の熱変形温度域において，島成分が形状を維持出きる様，海成分の融点と島成分の融点に差をつける事で可能となった。

第18章　LED 照明用光拡散シート

おわりに

　LED 照明は，今後，看板，広告灯，自動販売機，交通標識，街路灯，自動車用室内照明，インパネ表示，ナビゲーション表示，野菜栽培用，冷蔵ケース用照明への展開が期待される。それらの展開の中で，拡散シート等を使用する際は，その用途，目的に合せて，最適な特性のシートを選択する必要があると思われる。特に，室内照明等の人の生活と密接な関係のある部分に関しては，不快グレアやここ数年研究報告がなされている青色 LED のメラトニンの分泌抑制（睡眠障害），体内時計への影響等，人体への影響（青色光は，時差ボケ等の治療に使用される一方で，慢性的に受光した場合の影響について研究がなされており，パソコンやゲーム機用の青色光をカットするメガネも発売される様になってきた）についても十分に考慮した上での設計，使用を切に願うものであり，今後は，サーカディアンリズム（概日リズム）[1,2]に合わせて，朝，昼，夜で，波長が変化する照明器具も開発が進むものと考えられる。その中で当社の光拡散シート「ユニルック®」が，お役に立てれば幸いと考えます。

文　　献

1) 山崎昌廣，村木里志，坂本和義，関邦博，「環境生理学」，培風館，p.73（2000）
2) 「時間生物学ハンドブック」，朝倉書店 p.3（1991）

第19章　LED照明器具用アルミ反射板

デトレフ・デュエ[*]
Detlef Duee

はじめに

照明器具の光源として採用され始めてからまだ日が浅いが，そのエネルギー効率の良さからLEDは今後も広く普及し，さらに発展することは疑う余地がない。一般照明においても，屋内照明，屋外照明ともに，従来型光源に代わりLEDが主流となりつつある。LEDはもともと照明器具にルーツがあるわけではないため，特有の問題を抱えているものの，流行も相まって今まではその利用だけに焦点が置かれ，問題解決は重要視されていなかった。しかし今後長期にわたって使われ続けるためには課題を克服することが求められる。

従来の照明器具には反射板を使うことで効率の良い利用が実現されてきた。LEDに反射板は必要ないと考えられてきたが，メタルベースの反射板を組み合わせることで克服できる問題もある。ここではユーザーのニーズに応えることのできる，アルミ反射板の有効な利用方法を紹介する。

1　LEDの課題

長寿命，省エネがうたわれているLEDだが，その特性により，照明器具への利用には，
1）長寿命対応
2）グレアを防ぐこと（防眩）
3）配光コントロール

が求められる。

1.1　長寿命対応

LED自体の寿命は長く，40,000時間とも50,000時間とも言われる。そのことを考慮して照明器具を設計する必要がある。

1.1.1　熱対策

現在のところLEDひとつひとつの光束はまだ十分でないため，照明として使用する場合には多くのLEDをまとめて配列せねばならない。従来の照明と同等の明るさを求めると相当数の

---

[*]　Detlef Duee　ALANOD GmbH & Co. KG　Head of Business Development and Marketing

第19章　LED照明器具用アルミ反射板

LEDを使用することとなるが，多く配列すればその分だけ多くの熱が発生することになる。

LEDは熱に弱いということはよく知られている。それに加え，現在主流のレンズを使用している場合には，レンズの経年劣化が懸念され，想定よりも寿命が短くなる恐れがあることを踏まえておく必要がある。

1.1.2　点光源

光源が小さく明るい特徴を持つLEDはひとつひとつのLEDがはっきりわかる点光源になりやすい。これは人間の目にとって快適ではなく，LEDの問題点としてよく取り上げられる。さらに，電子部品であるLEDは故障することも考えられる。多くのLEDが規則正しく配列されている中で，ひとつのLEDが点かなくなった場合，点光源がはっきりしていると不具合部のみが目立ち非常に不快な照明となる。

1.1.3　環境負荷

現在，一体型の照明器具が多いが，どこか一箇所のみに不具合が起こった場合も全体を交換しなければならない。一部分の故障のために全体を取り替えることは非効率かつ廃棄物を増やすことに繋がる。

1.2　防眩

周知の通り，グレアは光源とその周囲との明るさが大きく異なるときに生まれる。一点に光が集まるLEDは，たったひとつの小さなチップでも輝度が高いために，光源と周囲との明暗コントラストが大きくなってしまう。もちろん，レンズの品質に左右される部分もあるが，それでも他の照明と比較して，LED照明は圧倒的にグレアが発生しやすい。また，LEDの光は一方向にのみ放出されるため，点光源となることもグレアを生み出す原因である。

なお，人間は高齢になるほど，グレアを感じやすくなる。高齢者社会になる現代において今後も長い間LEDが利用されるためにも，グレアを防ぐ設計は必要不可欠である。

1.3　配光コントロール

照明器具は，単に照らすのではなく，「必要な箇所に」「適切に」光を届けることが大切である。ワット数や器具効率だけではなく，要求される箇所に適切に配光できてはじめて効率よい照明と言え，それができない場合には「光害」となることもある。コントロールされず，やみくもに拡散され，必要ではない方向にも光が発せられると，たとえ十分な光量で照らされたとしても，人間の目では対象物を正しく認知できない。極端に拡散された光では明暗差が失われるため，色やコントラストが消滅してしまうからである（後述，図8参照）。

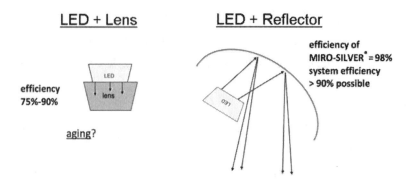

図 1　Lens vs Aluminium reflector

2　アルミ反射板の特性

2.1　長寿

金属であるアルミ反射板は，レンズに比べて長期にわたり安定している。

アラノッド社（ALANOD）製のミロ（MIRO®），ミロシルバー（MIRO-SILVER®）は，照明器具の反射板としてなら，20年の品質保証をしている。

2.1.1　放熱と反射

熱が発生した場合もアルミ反射板には影響がなく変化しないため，経年劣化の懸念がない。また，反射板はレンズに比べてロスが抑制される。比較的効率の良いレンズであっても，現状では器具効率としては70％からせいぜい90％程度止まりである。しかし，高輝アルミ板なら，95％，もしくは98％の全反射率を達成している。アラノッド社にも反射率98％のミロシルバーシリーズがある。図1が示すように，これを組み合わせた反射板なら，経年劣化の心配もなく，器具効率は90％以上を達成できる。

2.1.2　面光源

従来の反射板は配光と効率のために使われてきたが，同時に視覚の快適さ，防眩としても用いられてきた。光源が隠されることによって，広範囲に光が分配され，面光源となり目にやさしい。

また，反射板で点光源を防いだ場合，光が直接目には入らない面光源であるので，ひとつLEDが故障した場合にも，欠けた部分が目立ちにくく不快な照明とはならない。

2.1.3　環境配慮

反射板とモジュールが別のユニットとなっている仕様の照明器具であれば，たとえLEDに不具合が起きた際も，モジュールのみを変更すれば良いので，全体を取り替えることがなく，環境負荷が少なくてすむ。また，照明器具を処分する場合も，アルミニウム反射板はモジュールから取り外し，リサイクルに出すことができる。

長い年月が経てば，「求められる光の質」も変わるかもしれない。反射板を変えることで配光を変化させることができるモデルも登場している。ひとつの照明器具でワイドタイプ，ナロータ

第 19 章　LED 照明器具用アルミ反射板

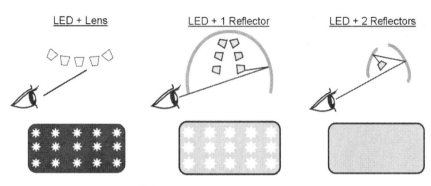

図 2　View into the LED luminaire

イプなど，何通りもの光を実現できるため，様々なシーンにおいて活用することができる。使用状況が変わっても反射板の取替えのみで対応が可能であるので，配光を変化せざるを得ない場合にも継続して利用できる。

2.2　防眩

光源から直接投光するのではなく反射板を使って多重反射させる構造をとれば，グレアは容易に除去される。図2に示すように器具を直視してもまぶしくはない。光の反射ロスは材料にもよるが，10〜30％程度発生してしまうレンズとは違い，全反射率95％の「ミロ」を選べば5％，98％の「ミロシルバー」ならロスは2％に抑えることができ，90％前後の高い器具効率を得られる。明るさを損なうこと無く配光をコントロールし，むらなく均一に，より明るく照らすことができる。

2.2.1　事例：街路灯

従来の街灯にLEDをそのまま代替光源として使用すると点光源となり，非常に眩しく感じられる。LEDの出力が高ければ高いほどビームが強く，点がはっきりと見て取れる。

反射板を利用して，光を多重反射にすれば，点光源は解消される。特に図3のようなファセッ

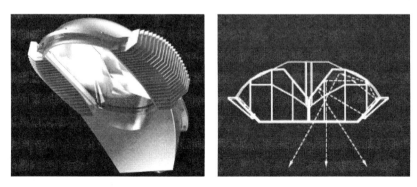

図 3　LED Street Lamp（Arianna）

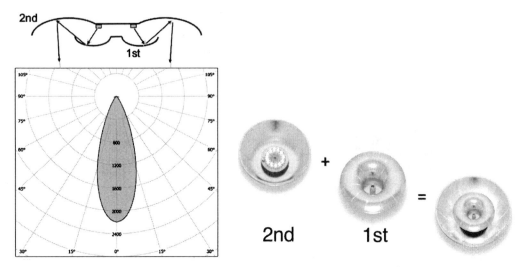

図4 Light distribution (Alux Luxar)　　図5 Combination of 1st and 2nd reflector (Alux Luxar)

ト型（多面体）リフレクターを採用した場合，目的に沿ったデザインが可能であるため，光害を最小限に抑え，効率よく光を分配できる。

2.2.2 事例：ダウンライト

このダウンライト用照明器具は，2枚の反射板を使ったユニークなコンセプトである。まず，中央から光源に向けて反射板を取りつけ，光源であるLED配列からの直接光を防ぎ，その反射光を光源側の反射板にあてて光を反射させる。本体側反射板からはコントロールされた光が出力されることになる（図4）。スリムでコンパクトかつフラット設計（高さ56mm，直径160mm）に仕上がりスタイリッシュなデザインだが（図5），器具効率は90％以上を保持。アルミ反射板のため，経年劣化や色収差の心配がなく，見た目も快適である。多重反射されることで光がミックスされる。光のコントラストはリング状に見られるが，点光源ではなくムラのない光のため，光源がハイパワーLEDであることに気がつかないかもしれない。

デザインと機能性を両立できなかった従来のスポットライトやダウンライトの欠点を，みごとに克服している。

2.3 配光コントロール

反射板材料として金属処理表面ではない材料も多く用いられている。よく使われているのは白塗装の反射板であろう。たしかに 金属処理であろうと塗装処理であろうと，器具効率の数字だけを見ると，図6のように大きな違いは見られない。しかし人間の目を通すと，実際に照らされた光の見え方に大きな差が出てくる。それは，図7が示すように，塗装処理の反射板は光を拡散反射させるが，塗装であるため光を拡散させることはできてもコントロールができないからであ

第19章　LED照明器具用アルミ反射板

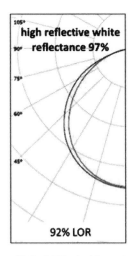
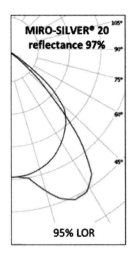

図6　LOR of white painted surface vs Aluminum reflector

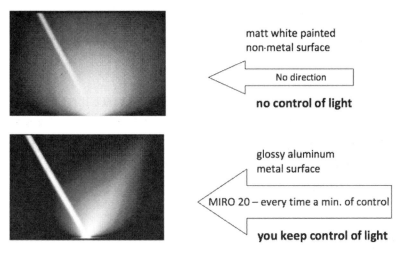

図7　Reflection of white painted surface vs Aluminum reflector

る。

　その結果，塗装処理の反射板では，対象となる物体が全方向に分散された光で照らされ，図8に示すAのように全体が白っぽく見えてしまい，人間の目では全体を正しく把握することができない。

　対照的に，金属処理表面の反射板，例えば「ミロ20」などのような拡散タイプのマット反射アルミ板を使用した場合，反射面がマットであっても最低限の配光コントロールが実現されるため，図8のBのように対象となる物体の認識が可能になる。

　また，完全に拡散される白塗装反射板は，光のコントロールができる金属処理表面材料と比較

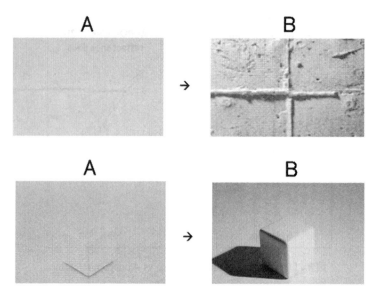

図 8 Contrast perception of white painted surface vs Aluminium reflector
A 拡散されすぎた光の中では全体的に白く見え,細かい凹凸や立体の奥行きをとらえることが難しい。
B 配光をコントロールし,適切な角度から光を照射することで影が生まれ,対象物を正しく認識することができる。

すると,より多くの照明器具が必要である。金属処理表面の反射板と比べ,効率の良いライティングとは言えない。実際に,10メートルの高さの天井から照射した場合,金属処理表面の材料(アルミ反射板)を用いると床まで光が適切に届くため,白塗装の場合と比較し,光源を半分にしても同じだけの明るさを保つことができるとの報告もある。さらに,白塗装の光が反射する光にはムラがあるが,金属処理表面は均一に光を届けることができる。

3 その他

アルミ反射板「ミロ」,「ミロシルバー」の全反射率は可視光全域において安定している(図9)。白色LEDであっても中間色の演色性が高い。また,反射板自体がヒートシンクの役割も果たすので,色温度のバランスを保つことができる。

第 19 章　LED 照明器具用アルミ反射板

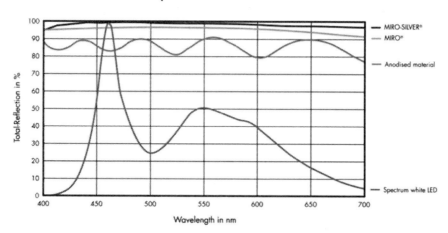

図9　Spectral Reflectance of MIRO®, MIRO-SILVER®, Anodized quality and white LED

おわりに

　光源が変わっても，私たちのからだの視覚システムに変化は無い．つまり，照明に求められるものは，光源が火から電球，蛍光灯，そして LED へと変化しても，常に同じである．今後ますます高齢化社会となる世界において，人間工学的観点を常に意識することが求められるが，反射板の利用を普及させることで，人に優しい照明器具の実現をサポートできれば幸いである．今後も最適な製品開発の手を緩めず，市場への提案を続けてまいりたい．

（要約：アラノッドジャパン）

第20章　導光板（LEDの面光源化）

松井弘一[*]

1　導光板開発のヒント

　導光板を開発するに至った大きなきっかけは，顧客からの声であった。

　導光板を開発する前に，「カラーライト」と称した製品を開発していたが，それは，ポスターの紙質を除去してフィルム状に仕上げ，電飾ポスターとして利用できるものである。いわば現代版のカラーコピー相当品だった。この「カラーライト」を売り込むべく営業活動していた際，ある営業先で，「カラーライトを展示していた電飾装置（蛍光灯内蔵の箱型看板）が面白くない，もっと薄型の展示装置が出来ないか？」との指摘を受けた。面光源的なものを求められたのである。

　その時，一緒に同行していた弊社社員で，技術者の一人に，「顧客の声に添った製品が出来ないものか？」と，持ちかけた。

2　導光板の開発へ

　その技術者は，それ以降夢中になっていろんな試みをやり始めた。その代表的な事柄が，生け花に使用するケンザンで，アクリル板に傷をつけて，端面から光を入れるとその傷部分が光ることを知見したことである。当時，アクリル板の端面から光を入れて文字や絵柄を光らす商品は，世に存在していた。そのうちに，ドット印刷により，光源からの遠近をドットの大小で加減することにより，面全体を均一化できそうだ，との感触つかむことができた。元々その技術者は，シルク印刷に関しては，熟練者であり・専門家だった。適切な素材の選択から始まり（結局アクリル板がベストであることを確認），コンピューターによるパターン設計や，インクの開発など試行錯誤を繰り返しながら，相当の年月と労力，資金をつぎ込んで，ようやくほぼ完成の域を迎えることができた。

3　新聞発表と意外な反響

　1986年（昭和61年）の10月，これらの成果を新聞発表した。内容は，当初開発を目指すことになった電飾看板向けのアピールだったが，意外な方面・業界から大きな反響を受けた。それ

---

*　Hirokazu Matsui　明拓工業㈱　代表取締役社長

第 20 章 導光板（LED の面光源化）

は，各大手弱電機メーカーからの引き合いで，ワープロ等の液晶のバックライトとして検討したいとの申し出であった。そうしたメーカーと何回も技術打合せを行い，試作を繰り返した。当初の試作品は，分厚く導光板を数枚重ねたものだった。弊社の導光板が，大手メーカーの製品に初めて採用されたのが，M 電機産業によるワープロで 1989 年（平成元年）6 月に発売，パソコンが同年 9 月に発売された。それから一気に業界に広がり，シャープ，パナソニック，日立製作所，NEC，カシオ計算機など，ほとんどの大手メーカー（韓国のサムソン電子や LG 電子も含め）に納品することになり，1989 年で月産 7 万台，その後数年の内に月産数十万台に達した。

それまでは，液晶のバックライトにはエレクトロルミネッセンス（無機 EL）が使われており，暗い上に寿命が短いといった評価であった。加えて冷陰極管を採用することで長寿命化し，冷陰極管と導光板を組み合わせることで輝度を向上できたのである。こうして，一気に従来のバックライトを駆逐してしまい，大手メーカーによる何百億円を投資したエレクトロルミネッセンス工場を没にしてしまった。「いきなり後ろから撃たれても仕方ないぞ」と，冗談も言われた。

4　シェア NO.1

当時，業界全体に占めるシェアはダントツの No.1 で過半数以上だった（図 1）。"導光板" という言葉は，当時，筆者がネーミングしたものだが，現在では一般用語になっている。"面光源" という言葉も，同様に一般用語になりつつある。この技術は現在でも，液晶表示の業界標準仕様として，パソコン，ナビゲーション，携帯電話，液晶テレビ等で使用されている。

これらの開発に関して，平成 5 年度「21 世紀型省エネルギー機器・システム表彰」として，1994 年（平成 6 年）に通産省より「資源エネルギー庁長官賞」を受賞した（図 2）。しかしながら，液晶のバックライト "導光板" 事業は，経営上の問題から 1994 年（平成 6 年）に大手企業の S 社に譲渡し，これらの事業から遠ざかることになった。

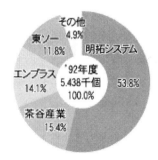

図 1　LCD バックライトの AO 製品別　需要ニーズ分析調査（1992 年度）
（調査報告書　1993 年 5 月　㈱テクノ・システム・リサーチ　より）

図2　21世紀省エネルギー機器・システム表彰（1994年2月）
資源エネルギー庁長官賞　受賞

5　業界の姿に違和感を，薄型の"導光パネル"開発へ

5年前（2007年6月頃），久し振りに大阪で開催された看板業界の展示会に顔を出したところ，縦横にVカットされた厚く（8mm），暗く，重い韓国製の導光板が業界全般に横行していることに驚いた。これに大きな違和感を覚え，導光板とは本来このようなものでないとの思いが募った。

従来の導光板製作の技術によれば，3mmや5mm厚みの"導光パネル"はできる筈だと考え，かの技術者にその開発を求め，開発資金を負担して完成させた。弊社が提案し，開発費を負担し，その技術者の技術協力により，完成させることができた3〜5mm厚みの「新開発品：導光板（その他製品も含む）」の事業化について，製造・販売に関して全て弊社の経営判断にもとづくとの覚書を同氏と取り交わした。2007年10月のことである。

6　"導光パネル"を発売

最近，LEDが開発され・普及してきたことから，LEDとかつて開発した導光板とを組み合わせると理想的な"薄型の光るパネル"が実現することとなった。弊社が液晶のバックライト事業から撤退した後も，近年までかの技術者が導光板事業を維持してきてくれて，再び導光板復活のチャンスに巡り合えた。これは感慨深く感じている。

"導光板"を部材，"導光パネル"を完成品・製品として位置づけてネーミングし，2007年頃より，東京・大阪等各地の展示会で，3〜5mm厚みの薄型の"導光パネル"の普及に努めてきた。

7　住友化学の導光板素材

かの技術者が2008年4月より住友化学㈱の技術顧問となり，住友化学より3〜5mm厚みの導

第 20 章　導光板（LED の面光源化）

光板素材が 2009 年 3 月頃から発売された。これらに当たって同氏に協力してきた技術スタッフも，元弊社の協力工場であった K 社に移籍し，K 社は住友化学の協力工場となった。量産体制の確立により，弊社にとっても低コストの導光板素材の供給基盤が強固になったことになり，マーケットが広がり，弊社が開発した"導光板"が世に広がることになった。

8　"導光パネル"発売とクレーム

　"導光パネル"は，昔に開発した液晶用バックライトの"導光板"と，基本的に素材や構成は同じである。"導光パネル"としての製品作りは，3300×1200mm といった大型化の方向を目指すことになったが，当初大きさの差を余り意識していなかった。基本的に同じといった認識からビジネスを進めたところ，今までの経験や概念では予測もつかなかった未知の世界を経験することになり，手痛い失敗をした。例えば，冬場の低い室温での工場製作品が，夏場の看板内の高い温度差の影響を受けて大きく膨張して（特に太陽光が当たる屋外で），大サイズ故のクレームが起こった。

　初歩的な製品作りの場合，反射板（アルミ板）の端を立上げボックス状にし，その立上部分に LED を設置する。真ん中に導光板を設置し，その導光板の端面から LED の光を入光させ，導光板を発光させるのが一般的だった。

　このとき，LED と導光板との間隙を，導光板（アクリル板）の膨張分の間隙を空けなければならなかった。明るさを重視してその間隙を不十分にとると，導光板が（例えば左右方向に）膨張して LED に接触した上，（上下方向にも）膨張する。そのため，LED が引きちぎられて点灯不良のクレームが起こった。このように導光板の素材として使用するアクリル板が，熱や湿気に対して，大きく変形して LED を損傷させることになったのである。

　「①　1m の長さにつき 10℃の温度変化があると約 0.7mm の伸び縮みがあります。従って 40℃の温度差に対して 3mm になります。これは平均的な気候の場合ですので安全を見る場合には 5mm の余裕をみておくとよいでしょう」（「スミペックス」技術資料（住友化学㈱）より）とされているが，看板内という設置条件を考えると 50℃以上の温度差を見込む必要があると思われる。

　「②　長時間に 2% 程度吸湿して寸法変化を起こします」（「スミペックス」技術資料（住友化学㈱）より）とされている。

【膨張計算事例】
　例えば，2400×1200 のサイズで，長辺入光の場合
　①　0.7＊2.4/2＊5=4.2　（/2 は，片側を算出するための数値）
　　　2.0＊2.4/2　=2.4　計 6.6＜6.75

長辺方向　片側，間隙を 6.75mm 空ける必要がある。
② 0.7＊1.2/2＊5=2.1　（/2 は，片側を算出するための数値）
2.0＊1.2/2　=1.2　計 3.3＜3.5
短辺方向　片側，LED と導光板との間隙を 3.5mm 空ける必要がある。

9　失敗を経験しての新開発と製品作りの注意点

9.1　新開発 1：別体枠の開発（日本，韓国，米国で特許取得。日本特許第 4990952 号）

しかしながら，これらの失敗・問題点を解決するための改良工夫により，アクリル板の膨張や収縮に自在に対応する「別体枠の開発」に至った。この開発は，アクリル板の伸縮対応だけではなく，LED を収納スペースで保護し，LED の交換やメンテナンスを簡単にできる機能になっている（図 3，4）。

〈請求項 1〉

光源の入射光を入射端面に供給して導光する合成樹脂製の導光板と，該導光板の裏面に配置したベース板と，導光板の入射端面ベースの裏面端部に亘るように該ベース板を挟んで配置した光源ホルダーを備え，該光源ホルダーを，入射端面側の光透過口を有する光源収納部と，該光源収納部からベース板の裏面に向けて起立した起立板を具備して断面 L 字状に一体に形成し，該光源ホルダーの上記光源収納部に光源を収納して光透過口から入射端面に入射光を供給自在とし且つ上記ベース板を挟んだ導光板と起立板をベース板に対して可動として上記起立板を導光板に固定することによって，該光源ホルダーを導光板の膨張収縮に対して独立して移動自在してなることを特徴とするディスプレイ，サイン，面照明体等の独立パネル。

図 3　別体枠を開発
LED を収納スペースで保護し，導光板の伸縮に応じて別体枠も移動し，LED と導光板の距離は，常に一定である。柔軟連結も写っている。

第20章　導光板（LEDの面光源化）

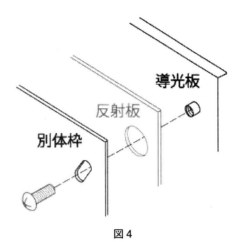

図4
別体枠は，反射板をベース板として，導光板と一体に固定し，導光板の伸縮に応じて連動する。

〈請求項2〉
　上記導光板に対する起立板の固定を，起立板側から導光板に対する金具固定によって行うとともに該金具固定をベース板に配置した導光板の熱膨張方向に該金具を可動とする貫通孔乃至貫通溝を介して行ってなることを特徴とする請求項1に記載のディスプレイ，サイン，面照明体等の独立パネル。

〈請求項3〉
　上記起立板の固定配置を，導光板のコーナー近傍位置とするとともに該起立板を該コーナー近傍位置から斜め方向に可動とすることによって，光源ホルダーを導光板のコーナー近傍位置の膨張収縮に対して上記独立した移動を自在としてなることを特徴とする請求項1又は2に記載のディスプレイ，サイン，面照明体等の独立パネル。（なお，請求項4，5，6，7，8は，省略）

9.2　新開発2：吊下げ額縁等の開発（特許出願済）

　別体枠の関連開発として，反射板等のベース板がない場合の膨張対策としており，吊下額縁や額縁製品等に適用している（図5）。

〈請求項1〉
　合成樹脂製の導光板の熱膨張収縮を，該導光板の支持枠に配置した熱膨張収縮方向に向けた傾斜長孔を介して導光板に挿入したネジによって吸収自在とした面照明体であって，導光板を部材の重合基体としてその裏面に反射板又は反射シートを重合配置し，上記支持枠を，LED光源を収納した光源ホルダーと該光源ホルダーから上記反射板の裏面に沿うように起立した起立板を有する断面L字状又はU字状とするするとともに該支持枠の起立板に上記傾斜長孔を配置してなることを特徴とする面照明体。

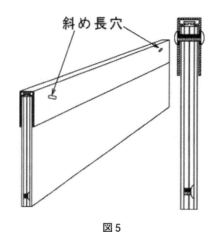

図5
ベース板がない場合の納め方で，斜め長孔内を導光板に取り付けた
ボルトが，導光板の伸縮に応じて移動し対応する。

〈請求項3〉
　上記ネジを，導光板に配置したインサートナットに。上記起立板の傾斜長孔からのネジを挿入してなることを特徴とする請求項1又は2に記載の面照明体。(請求項2，4，5，6は，省略)

9.3　新開発3：柔軟連結の開発（特許出願済）

　大型サイズになれば，製品の製作時や運搬時や設置時の持ち運び時において，導光パネルは，薄型故に反ったり・曲がったりする。そのとき，LEDバー同士の連結をハンダ溶着等で固着していると，その部分に応力がかかり，その部分が破損して点灯不良の大きな原因になっていることに気がついた。その対策として，列車の連結部のように曲がる柔軟な連結部とした。即ちLEDバー同志を繋ぐ連結部材を柔軟な少し長いリード線を用い，それを山なりに設置して，その両端を溶着することにより柔軟な連結となり，その部分に応力が発生しても吸収できるようになった（図3，6）。

〈請求項1〉
　長手方向に複数分割したLEDバーを放熱ベースに直列に配置して導光板の入射端面に入射光を供給自在とした面光源装置であって，上記LEDバーの直列配置を，導光板の捻れ，曲げ，歪み等の変形に起因して直列方向に隣接するLEDバーの基板端部間に作用する伸縮応力を該基板端部間で吸収自在に連結してなることを特徴とする大判面光源装置。

〈請求項2〉
　上記LEDバーの連結を，LEDバー基盤端部間に僅少空隙を配置し，該僅少空隙を跨いで基板端部間を電気的に接続する接続ピンを架設するとともに該接続ピンを基板端部の双方又は一方に対してLEDバー長手方向に可動に配置してなることを特徴とする大判面光源装置。

第20章　導光板（LEDの面光源化）

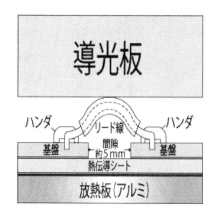

図6
導光パネルの製作時や運搬時や設置時に，捻じれ，曲げ，歪み等が生じても柔軟連結により，吸収する。

〈請求項4〉
　上記LEDバーの連結を，LEDバーの基盤端部間に僅少空隙を配置し，該僅少空隙を跨いで基板端部間を電気的に接続する接続ピンを架設するとともに該接続ピンを該僅少空隙より長寸として上記基板端部間に弛み状に配置してなることを特徴とする大判面光源装置。（なお，請求項3，5，6，7は，省略）

9.4　新開発4：導光板サイズの限界に挑戦（特許第5049945号）
　導光板サイズの限界を超えて，特大サイズでも対応できるように新開発を行った。導光ユニット（LED＋導光板）を，縦あるいは横方向に並べて，表示面を乳半パネル若しくはFFシート等1枚で仕上げる方法である。この場合，連結部の継ぎ目（LED等）を目立たなくするために，導光板と表示面との間を10～20mmの空間を空けることが必須となる。この場合，導光ユニッを必要なだけ縦・横に連結させることにより，大きさは自在となり，明るさは導光ユニットとのサイズを選択することで自在となる（図7）。

〈請求項1〉
　放熱機能を発揮する金属材料をそれぞれ用いて，導光パネル肉厚に合わせた中間起立壁を有する上向き開口断面U字状とした中間配置用及び外周側に位置した1辺又は2辺に上記中間起立辺より高い端部起立壁を，他を上部起立壁と同じく導光パネルの肉厚に合わせた中間起立壁を有して同じく上向きL字状とした端部配置用の2種類のケースを用い，これら中間配置用の各ケースにそれぞれ同面積平面矩形の導光パネルと上記中間起立壁及び端部起立壁に該導光パネルの対向する両端に同輝度同数のLED光源を臨設配置して照明用複数区分の導光単位とし，上部端部起立壁によって外周を区画するように該導光単位を面方向に並列及び直列に配置して導光単位集合体を形成し，その外周に位置する上記端部起立壁に対して一体の乳白パネルを載置固定して導光単位集合体の照明面とするとともに，該導光単位集合体の照明面と各導光単位表面の出光面と

LED 照明のアプリケーションと技術

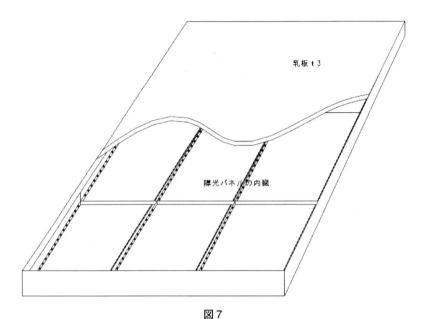

図7

導光パネルを大枠の中に複数枚内蔵し，表示面を1枚で仕上げる方法である。
導光板の限界を超えて特大サイズ製品が可能となった。

の間に 0.7〜2.5cm の高さの離隔空間を配置し，該離隔空間によって導光単位間継ぎ目部分の線及び LED 光源の線の照明面への出現を防止して照明面の均一化してなることを特徴とする看板，ディスプレイ，表示板，照明パネル等の大判背面照明装置。

〈請求項2〉

上記一体の乳白パネルに代えて，上記導光単位集合体の外周に位置する端部起立壁に形成し又は設置したシート受座にシート押さえバーを装着することによって被照明用一体の FF シートを展張配置してなることを特徴とする請求項1に記載の看板，ディスプレイ，表示板，照明パネル等の大判背面照明装置。

〈請求項3〉

上記 LED 光源を隣接配置した導光パネルの対向する両端の中間起立壁及び端部起立壁の幅を，導光単位の輝度調整手段として該幅の拡縮調整によって設定した導光単位の輝度により照明面の要求輝度を確保自在としてなることを特徴とする請求項1又は2に記載の看板，ディスプレイ，表示板，照明パネル等の大判背面照明装置。（請求項4，5，6，7は，省略）

9.5 新開発5：クレーム事例対策

マット状でないフラットな乳板や拡散シートを導光板に設置して点灯させると，鏡面同士が密着して水漏れがしたような異常発光の現象が生じ，クレームとなる。この場合の対策は，フラットに代えてマット状の乳板や拡散シートを使用することにより，導光板との間に空気層が生じ

第 20 章　導光板（LED の面光源化）

て，このようなクレームを回避することができる。

10　特許対策について

弊社技術への対応としては，LED と導光板との間に膨張スペースを確保する方法（但し，間隙が大きいと暗くなる）や，4 周額縁の内枠スペース内で，導光パネルをフリーの状態で設置するなど，特許に抵触しない方法で，製品作りの考案をお願いしたい。

11　その他，業界で注目している事柄

(1) 導光板の製作方法について，業界においてシルク印刷によるドット印刷方式が主流だが，最近レーザーによるドット加工方式が開発されている。
(2) 今まで，導光板端面に入光させるにつき，導光板の長辺に LED 導光板を配置して入光させる方式が主流だが，例えば，片側入光で 1500〜3000mm，両側入光で 3000mm 光を飛ばすなど，最近は短辺入光により長距離発光させる方式が見受けられるようになった。

第 21 章　超微細発泡光反射板

株本　昭*

はじめに

　プラスチック発泡体は，1920年代の硬質ゴムフォームの開発に始まり，フェノール樹脂，ポリスチレン樹脂，塩ビ樹脂，ポリエチレン樹脂，ポリプロピレン樹脂，ポリウレタン樹脂，ポリエチレンテレフタレート樹脂などを用いた発泡体が次々に開発され，その優れた断熱性や緩衝性，軽量性を生かして，建材や工業資材，スポーツ用品，自動車部品，テープ基材などに幅広く応用されてきた。しかしながら，これらの発泡体に含まれる気泡のサイズは，一般的に，100μmよりも大きく，密度も低いために，機械的強度が必要とされる用途にはあまり適用されてこなかった。

　ところが，1980年代に入り，この概念を変えるコンセプトが米国のMITより発表された。材料に通常含まれる一般的なボイド（約10μm）よりも気泡を小さくすることで，機械特性（比強度）を低下させることなく，軽量化が実現できるという超微細発泡体（マイクロセルラープラスチック）である。当初は，機械特性だけが注目を浴びていたが，その後，新たな機能として，光反射性能が見出された。発泡体に含まれる気泡のサイズが小さくなればなるほど，光屈折率の異なる界面が増加するため，発泡体表面に入射した光が気泡界面で乱反射し，光反射性能が向上するというメカニズムと考えられている。最近では，気泡サイズは1μm以下のレベルにまで到達している（図1）。

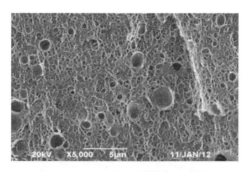

図1　MCPOLYCAの断面SEM写真

---

　*　Akira Kabumoto　古河電気工業㈱　エネルギー・産業機材カンパニー　産業機材事業部
　　　MC製品部　技術開発部　部長

第21章　超微細発泡光反射板

現在，超微細発泡光反射板としてポリエチレンテレフタレート樹脂を基材とする"MCPET"とポリカーボネート樹脂を基材とする"MCPOLYCA"が上市されている。本章では，LED照明機器部材としてのこれら超微細発泡体の応用について述べる。

1　光学特性

図2にMCPETとMCPOLYCAの分光反射率を示した。上図が全反射率，下図が拡散反射率であり，いずれも硫酸バリウム白色板に対する相対値である。全反射率においては，両材料ともに，可視光領域（400～700nm）において，ほぼ100％の反射率を示している。これは，光を乱反射させるための無機フィラーなどの添加物を一切含んでいないためであり，光源の色調を忠実に再現させるためには，重要な性能の一つである。

拡散反射率については，MCPOLYCAが99％なのに対し，MCPETは96％と低下している。この差は，表面の鏡面反射成分の差である。MCPETやMCPOLYCAは表層の10μm程度がスキン層（無発泡層）になっており，エンボス処理などの表面加工を施さなければ，表面が平滑に

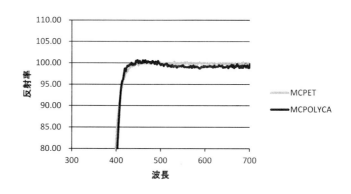

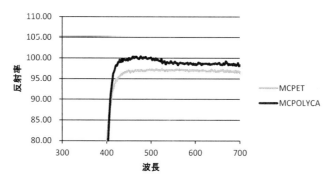

図2　MCPETとMCPOLYCAの分光反射率
上図：全反射率，下図：拡散反射率
＊反射率は硫酸バリウム白色板に対する相対値

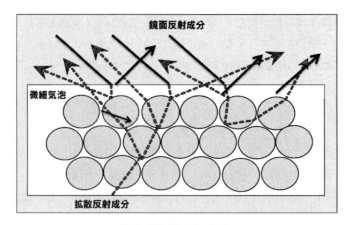

図3 光反射メカニズム

なるため,鏡面反射成分が多くなる(図3)。MCPETは結晶性の樹脂であるため,表面加工が難しく,エンボス加工を施していない。一方,MCPOLYCAは非晶性の樹脂であるため,エンボス処理が容易であり,この処理により,表面凹凸をシート表面に付与することが可能となり,拡散反射率も99%という高い値を示している。

なお,このエンボス形状は,熱成型後も残存し,光学性能が保持されていることが確認されている。

2 諸特性

表1は,光学特性,機械特性,熱特性などの諸特性を示した。中でも,照明器具の設計上,重要な特性は熱特性である。MCPOLYCAはガラス転移温度が145℃であり,145℃を超えると軟化が開始する。したがって,一般的にはガラス転移温度よりも20℃程度低い,125℃が常用使用温度の上限と考えられる。

一方,MCPETは少し複雑な挙動を示す。ガラス転移温度は75℃であるため,75℃を超えたあたりから徐々に軟化が開始するが,結晶性樹脂であるため,非晶性樹脂であるMCPOLYCAのように大きくは軟化しない。160℃でも5%程度の軟化率(TMA法における測定針の沈み込み量)にとどまり,200℃を超えたあたりで大きく軟化する。したがって,荷重のかからない用途であれば,180℃程度までは適用が可能と考えられる。ちなみに,125℃では,4%程度の軟化率となっている。

難燃性については,MCPETはUL94-HBFの認定を取得しているが,MCPOLYCAは認定前評価において,UL94-HBF~UL94-V2(厚みや密度に依存)となっている。国内大手照明器具メーカーの社内運用基準では,照明器具の部材にはUL94-V0相当の難燃性が要求されているが,欧州では難燃性よりも,耐熱性(UL746B)を重視することが多く,地域によって事情が異なっ

第21章 超微細発泡光反射板

表1 各種物性

		単位	MCPET	MCPOLYCA
厚み		mm	0.94	1.00
全反射率		%	99.0	99.0
拡散反射率		%	96.0	99.0
引張強さ	MD	MPa	20	21
	TD		18	18
伸び	MD	%	123	45
	TD		68	50
引裂強さ	MD	MPa	76	62
	TD		99	64
曲げ強さ	MD	MPa	19	15
	TD		14	14
曲げ弾性率	MD	MPa	1156	754
	TD		882	698
加熱寸法変化率	MD	%	0.37	0.23
(100℃, 22h)	TD		0.24	0.18
熱変形温度	MD	℃	75(202)	143
(TMA法)	TD		75(201)	144
ガラス転移温度		℃	75	145
難燃性		UL94	HBF	HBF〜V2＊

ているようである。

3 熱成型性（加工性）

　MCPET，MCPOLYCAともに，熱成型が可能であるが，成型プロセスは異なっている。MCPETの場合は，凹/凸2種類の金型を用いたプレス（マッチモールド）成型法により，成型することが可能である。図4に成型プロセスを示す。シート表面温度が約200℃になるように加熱し，凹/凸金型にて真空引きをしながらプレス成型を行う。この時の金型温度は約170℃。ヒートセットのため，一定時間，金型内に保持したのち，冷却し，離型する。MCPETは，前節でも述べたように，結晶性の樹脂であるため，200℃付近まである程度の硬さを保持し，そののちに，急激に軟化するため，成型プロセスウインドウが狭くなっており，プロセス全体を通しての温度管理が重要な因子となっている。

　次に，図5にMCPOLYCAの成型プロセスを示す。ポリカーボネート樹脂は非晶性であるため，成型加工は比較的容易である。MCPETの場合と異なり，金型は凹もしくは凸1種類の金型を用いた真空成型で成型が可能である。シート表面が約150℃になるように加熱し，約110℃の金型を圧着させる。同時に真空引きを開始し，冷却後，離型する。MCPETと比較して，成型温度条件が低いことやヒートセット工程が不要なことで，成型時間も半減できることに加え，金型も1種類なので，コスト的にも大きなメリットが得られる。

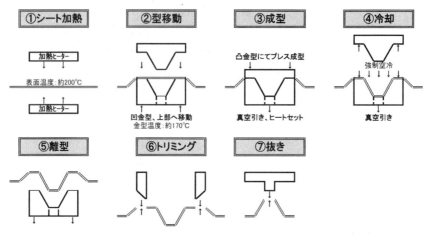

図4 プレス成型法(MCPET)

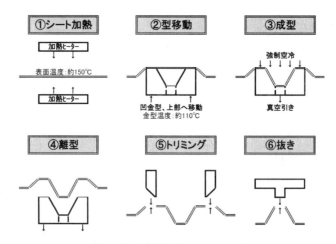

図5 真空成型法(MCPOLYCA)

図6 MCPOLYCA成型品

第 21 章　超微細発泡光反射板

　図6はカップ形状に成型したMCPOLYCAの成型品である．一般的に，発泡シートを成型した場合，エッジ部に丸みを帯びる傾向があるが，図6の成型品は，金型のエッジ部が正確に転写されていることが判る．

　なお，本節に記した温度条件については，設備（成型機，金型など）の種類や能力，設備が設置されている環境などによって大きく異なるので，あくまで参考値である．

4　応用事例

　MCPETは，その高い光反射性能に加え，軽量性や易加工性（折り曲げ，抜き，切り貼り）を特徴とするため，従来使用されていた白色塗装鋼板や鏡面アルミ反射板に代わる素材として，省エネ（ランプ本数削減）あるいは品位向上（ランプムラ解消）のため，鉄道地下駅や商業施設内の広告用電飾看板（図7，図8），鉄道駅の行き先表示板などに幅広く応用されてきた．使用方法としては，最適形状にカッティング加工や抜き加工したものを，ランプの裏側に施工したものであった．

　その後，オフィス照明のリニューアル用途への展開が本格化し，図9に示したように，逆富士型2灯タイプの従来器具に対し，ランプ背面に曲面状にMCPETを配置することで，明るさを維持しながら，44％もの大幅な消費電力削減を達成している．最近では，直管型のLEDランプでも，指向角が300度に達する機種も出てきており，出射光が広がることで，反射材の必要性が高まり，直管型LEDを用いた照明器具へも横展開できるものと考えている．なお，直管型LED内部にMCPETを施工することで，LED数の削減と光量アップを達成した省エネ直管LEDランプも登場している．

　図10は，MCPETが採用されているダウンライトモジュールの例である．LEDチップの配置に合わせて穴あけ加工を施したMCPETの抜き加工品をモジュール底面に配置したものである．同時に，モジュール内部側面にも長方形にカットしたMCPET平板を円筒状に配置した．LEDチップから出射した青色光が黄色フィルター（拡散板）で乱反射し，モジュール内部で多重反射を繰り返すことで均一な白色光を放出する構造になっている．しかしながら，この構造は，モジュール底面と側面の反射部材が別々になっているため，組み立てコスト低減の観点から，これらの反射部材が一体化した成型品が求められていた．図11がMCPETをプレス成型して作成したコーン状成型品を組み込んだモジュールである．LEDチップを基板中央部に集積することでコーン状成型品の適用が可能となっている．

　一方で，LEDチップの集積化は光量増大とともに発熱量増大が課題となっており，今後は，耐熱性の高いMCPOLYCAや，高耐熱プラスチックを用いた超微細発泡体の要求が高まるものと考えられる．

LED 照明のアプリケーションと技術

図7　広告用電飾看板（鉄道地下駅）

図8　広告用電飾看板（商業施設）
左図：MCPET 施工前　右図：MCPET 施工後

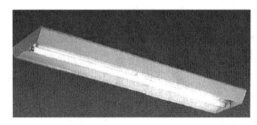

図9　リニューアル照明器具（国内ハウスメーカー）

図10　ダウンライトモジュール（欧州照明器具会社）

第 21 章　超微細発泡光反射板

図 11　ダウンライトモジュール（欧州照明器具会社）

おわりに

　近年の省エネ意識の高まりや，災害による電力事情の激変に加え，LEDチップ価格の大幅低下に伴い，従来の照明器具から，LED照明器具への置き換えが急加速している。また，LEDチップにレンズを組み合わせたモジュール化により，多様な光学設計が可能となり，従来の照明器具にはなかったデザインなども可能となってきた。

　本章で紹介した超微細発泡光反射板は，高い光反射率に加え，軽量かつ切断や抜き，熱成型加工が容易であるため，多様なデザインに対応が可能である。また，金属加工に使用されるような高価な金型も不要あることから，照明デザインの多様化による多品種少量生産の照明器具へのニーズに合致するものと考えられる。

LED照明のアプリケーションと技術
— 光学設計・評価・光学部品 —《普及版》　　　　　　　(B1298)

2012年9月 3日 初　版 第1刷発行
2019年9月10日 普及版 第1刷発行

監　修　関　英夫　　　　　　　　　　　Printed in Japan
発行者　辻　賢司
発行所　株式会社シーエムシー出版
　　　　東京都千代田区神田錦町 1-17-1
　　　　電話 03（3293）7066
　　　　大阪市中央区内平野町 1-3-12
　　　　電話 06（4794）8234
　　　　https://www.cmcbooks.co.jp/

〔印刷　柴川美術印刷株式会社〕　　　　Ⓒ H.Seki,2019

落丁・乱丁本はお取替えいたします。

本書の内容の一部あるいは全部を無断で複写（コピー）することは，法律で認められた場合を除き，著作者および出版社の権利の侵害になります。

ISBN978-4-7813-1381-8 C3054　￥6100E